Ukraine
Ungarn
Moldawien
0 km
Donau-
delta
Rumänien
Schwarzes
Meer
Serbien
Donau
Bulgarien

Christoph Robiller · Christoph Unger

Im Donaudelta und in den Steppen der Dobrudscha

Christoph Robiller · Christoph Unger

# Im Donaudelta und in den Steppen der Dobrudscha

Natur+Text
Rangsdorf

*Bildnachweis*
Alle Bilder stammen von Christoph Robiller, mit Ausnahme der Bilder S. 51 o. und u. re., Europäischer Hausen: Michael Kretschmann.

Text: Christoph Unger und Christoph Robiller
Vorsatz und Nachsatz: Marianne Conrad (www.atelier-ma.de)
Einbindung der über QR-Codes abrufbaren Videoclips: netz-meister, Erfurt (www.netz-meister.de)

Bibliografische Information der Deutschen Nationalbibliothek
Die Deutsche Nationalbibliothek verzeichnet diese Publikation in der Deutschen Nationalbibliografie; detaillierte bibliografische Daten sind im Internet über http://dnb.dnb.de abrufbar.

Christoph Robiller/Christoph Unger
Im Donaudelta und in den Steppen der Dobrudscha
Natur+Text Rangsdorf 2026
228 Seiten, 24 × 22 cm
ISBN 978-3-942062-78-7


Friedensallee 21, 15834 Rangsdorf
Tel.: 033708/20431
verlag@naturundtext.de
www.naturundtext.de

Layout, Satz und Umschlaggestaltung: Birgit Cirksena · Satzfein, Berlin
Druck und Bindung: Druckerei & Verlag Steinmeier GmbH & Co. KG, Deiningen
Gedruckt auf 150 g/m² Magno Satin


ISBN 978-3-942062-78-7

# Inhalt

## Geleitwort

Wir blättern in einem wunderbaren Buch, das uns in ein verzaubertes Land führt, wo die im Schwarzwald entspringende Donau ins Schwarze Meer mündet. Seit sieben Jahrtausenden hinterlässt der Fluss hier jährlich über 30 Millionen Tonnen an Schlick, Sand und anderen Sedimenten und schuf so das Delta – eine Landschaft voller Schönheit, Reichtümer und Geheimnisse. Die von einem großen Meister in der Kunst der Fotografie stammenden Aufnahmen des vorliegenden Buches zeigen auf spektakuläre wie einfühlsame Weise die Landschaften des Deltas und seine Bewohner. Sei es tief im schier endlosen Schilfdickicht, auf den spiegelnden Wassern der Seen, auf Salzwiesen, zwischen Sanddünen, in den Wäldern jahrhundertealter Weiden oder den exotisch anmutenden Gehölzen auf der Insel Letea. Christoph Robillers faszinierende Bilder führen uns zu einer bunten Tierwelt an den Lösswänden, am Saum der Lagunen und am Meeresstrand.

Anders als Reiseführer und Reiseprospekte, die üblicherweise mit Fotos fliegender Pelikane und Schwäne oder der allgegenwärtigen Kormorane beeindrucken wollen, sind es hier Bilder intimer und geheimnisvoller Szenen aus dem Leben der Vögel und anderer Tiere, wie sie gewöhnlich dem Objektiv des Fotografen entgehen. So finden wir im Buch die wahrscheinlich ersten Bilder vom Paarungsgeschehen und Sozialverhalten einer Kolonie von Fischmöwen (siehe S. 110/111), einer Vogelart, die erst seit relativ kurzer Zeit in Europa heimisch ist.

Sogar unten am Boden zwischen den Grashalmen sucht die Kameralinse nach kleinen, kurzlebigen Tierwesen, wie der Großen Sägeschrecke (*Saga pedo*) oder der nur wenigen Entomologen bekannten Kupferpanzerschrecke (*Bradyporus dasypus*; siehe S. 154/155). Schließlich fehlen auch nicht die menschlichen Bewohner des Deltas: Man trifft sie bei ihrem Tagewerk als Fischer oder Landwirte mit ihrem Vieh, darunter ihren halbwilden Pferden.

Doch die Freude und das Staunen bei der Betrachtung der bezaubernden Bilder kann nur ein Vorgeschmack sein auf die eigene Anschauung vor Ort. Dann wird dem aufmerksamen Besucher auch nicht verborgen bleiben, wie zerbrechlich und gefährdet dieses „Paradies" ist. Zwischen dem 14. und dem 19. Jahrhundert, als das Delta zum Osmanischen Reich gehörte, blieb es so gut wie unberührt. Auch die Einverleibung durch das 1878 gegründete junge Rumänien, die sozialen und wirtschaftlichen Veränderungen in der Zeit zwischen dem Ersten und Zweiten Weltkrieg überlebte es noch weitgehend unbeschadet. Selbst von den poststalinistischen Versuchen, das Delta in ein Agrarland mit Getreidefeldern, Viehweiden und Pappelplantagen zu verwandeln, begann es sich in den 1990er-Jahren, nach Ausweisung als Biosphärenreservat, Ramsar-Gebiet und UNESCO-Welterbe, zunächst relativ rasch zu erholen. Doch die Gefahren sind heute, da die Menschheit die acht Milliarden überschritten hat, vielleicht größer denn je. Alarmierende Vorzeichen dafür sind die Erschöpfung der Fischbestände, die Unzahl PS-starker Boote, die einem chaotischen und schrankenlosen Tourismus dienen, die in der Wildnis allgegenwärtigen Viehherden und die Duldung immer größerer neuer Bauten. All das wird massiv von der Europäischen Union subventioniert. Weitere Probleme sind eine häufig wechselnde, politische statt wissenschaftliche, zu wenig dem Naturschutz verpflichtete Reservatsleitung und das Fehlen eines zentralen, ökologisch ausgebildeten Ranger-Corps.

Welche Auswirkungen der jüngste, brutale, von der Europäischen Union akzeptierte ukrainische Eingriff in den gemeinsamen Chilia-Arm der Donau haben wird, kann man nur erahnen: Seine Ausbaggerung sowie die des Bystroe-Kanals lassen jedenfalls eine fatale Störung jenes natürlichen hydrodynamischen Systems befürchten, auf dem die Existenz des Feuchtgebiets basiert. So steht am Ende der Wunsch, die Wachsamkeit der Welt, die Bürger Europas mögen sich der Rettung dieses bedrohten Paradieses annehmen, solange es noch etwas zu retten gibt!

Dr. J. Botond Kiss
Danube Delta National Institute for
Research and Development (DDNI)
Rumänien, im November 2025

# Faszinierende Reise ins Donaudelta

Begleiten Sie uns auf eine Reise in das Donaudelta – nach dem Wolgadelta das zweitgrößte Flussdelta Europas – und in die Steppen der Dobrudscha. Sowohl in den feuchten Lebensräumen des Donaudeltas als auch in den direkt angrenzenden Steppengebieten der Dobrudscha findet sich eine enge Verzahnung, ein Mosaik aus verschiedenen Lebensräumen, die dieses Gebiet so artenreich macht. Das Donaudelta hat seit den 1990er-Jahren den Status eines Biosphärenreservats und ist seit dem Beitritt Rumäniens zur Europäischen Union 2007 auch in Teilen Europäisches Vogelschutzgebiet (SPA), International Bird Area (IBA) und nach der Ramsar-Konvention geschützt. Auch die Steppengebiete sind partiell Europäische Vogelschutzgebiete und nach der Flora-Fauna-Habitatrichtlinie (FFH) eingebunden in das Schutzgebietsnetz NATURA 2000.
Nach der Wolga ist die Donau der zweitlängste Fluss Europas. Als kleiner Bach entspringt sie im Süden Deutschlands und ist schon bei Regensburg ein recht stattlicher Fluss. Bis zu ihrer Mündung ins Schwarze Meer legt sie 2 850 Kilometer zurück und durchfließt zehn Länder. In den vergangenen Jahrhunderten haben alle diese Länder den Fluss beeinträchtigt und ihm vieles von seiner Wildheit genommen. Was wir heute noch sehen, ist wohl nur ein schwacher Abglanz dessen, was er einmal war. Und doch ist die Donau trotz dieser Eingriffe immer noch ein beeindruckendes Naturmonument der besonderen Art. Auf ihrem Weg nach Südosten nimmt sie so manchen Fluss in sich auf, wie beispielsweise Altmühl, Regen, Drau, Theis oder Jalomiza. Sie alle transportieren Steine, Schutt und aufgelösten Boden. So trägt die Donau jedes Jahr große Mengen Sediment in ihr Delta und trotzt dem Schwarzen Meer jährlich bis zu 40 Meter Land ab. Besonders Flüsse zeigen uns, dass die Natur dynamisch ist und Wasser eine ungeheure Landschaftsgestaltungskraft besitzt. Die im Delta angeschwemmten Sedimente erhöhen die Ufer und verringern die Wassertiefe in den Kanälen. So kann ein aktiver Flussarm innerhalb weniger Jahre zu einem toten Arm und damit zu einem See werden.
Die Natur des Donaudeltas und der Dobrudscha ist eine der beeindruckendsten Natur- und Kulturlandschaften Europas und ersteres in seiner Ausdehnung und Geschlossenheit einzigartig. Bedingt durch seine Lage zwischen Orient und Okzident erreichen hier eine ganze Reihe von Tier- und Pflanzenarten ihre östlichen oder westlichen Arealgrenzen, wie zum Beispiel Griechische Baumschlinge (siehe S. 26/27), Steppenrenner (siehe S. 44/45) oder Fischmöwe (siehe S. 110/111).
Aber nicht nur bezüglich der Natur setzt das Gebiet an der unteren Donau Maßstäbe, sondern auch mit seiner langen und wechselvollen Geschichte. Es ist eines der ältesten

Siedlungsgebiete Europas. Geschichtsinteressierte können von der Prähistorie über die Spuren der Griechen und Römer sowie der Osmanen bis in die Neuzeit eine Kulturlandschaft erleben, die seit Jahrtausenden von den verschiedensten Ethnien und ihren Traditionen geprägt wurde. Im wahrsten Sinne des Wortes trifft in der Dobrudscha heute Tradition auf Moderne. Leider geht auch hier die Entwicklung rasant vonstatten. So sind zum Beispiel heute kaum noch die traditionellen Fischerboote, die sogenannten „Lotkas“, zu sehen, und die Esel- und Pferdegespanne werden seltener im Straßenbild. Stattdessen sind es moderne, hoch motorisierte Boote, mit denen heute das Delta befahren wird. Noch sieht man allenthalben die Dorfhirten mit ihren Herden, die in jahrhundertealter Tradition die kargen Steppengebiete beweiden und sie damit in ihrer Artenvielfalt erhalten. Doch sieht man leider auch hier immer wieder Flächen, die mit Förderung der Europäischen Union umgebrochen und folgend intensiv genutzt werden – eine Entwicklung, die gerade in den vergangenen 20 Jahren besonders an Fahrt aufgenommen hat.

Einmal ins Donaudelta zu reisen, die unendlichen Schilfwälder mit einem Boot zu durchqueren und dabei die faszinierende Vogelwelt in ihrer unglaublichen Vielfalt zu beobachten, das war unser Wunsch von Kindheit an. Das Bild des Deltas wurde für viele Naturfreunde in den 1980er-Jahren – so auch für uns – durch das Buch *Im Donaudelta* von Klaus Jürgen Hofer geprägt. Es selber zu erleben, ist noch einmal etwas ganz Besonderes. So machten wir uns ab 2019 immer wieder auf die Reise ins Donaudelta – ich, Christoph Robiller, mit einem Erfahrungsvorsprung von 25 Jahren, bereiste das Gebiet erstmals 1996 mit einem Faltboot und war seither viele Male im Delta und in der Dobrudscha. Davon zeugen die wunderbaren Bilder in diesem Buch. Ob in den Schilfwäldern und Kanälen des Deltas, in den maritimen Sanddünen und dem Letea-Urwald, den Lagunen oder den sich ans Donaudelta anschließenden Steppengebieten der Dobrudscha, überall erwartete uns eine einmalige und fremdartige Natur, die man im Rest Europas kaum noch finden kann. Folgen Sie uns durch diese Natur und lernen Sie eine Landschaft in Europa kennen, die den meisten Westeuropäern unbekannt ist.

Christoph Robiller und Christoph Unger
Erfurt, im Februar 2026

*Bei einigen Landschaften, Tieren und Pflanzen gibt es QR-Codes zu kurzen Filmen, die zusätzliche Einblicke in das jeweilige Thema geben.*

# Donaudelta

# Entstehung des Donaudeltas

Das im Südosten Europas am westlichen Ufer des Schwarzen Meeres gelegene Donaudelta hat eine Ausdehnung von 5 800 Quadratkilometern. Insgesamt stehen 4 178 Quadratkilometer unter Naturschutz, davon liegen 3 447 Quadratkilometer (82,5 Prozent) auf rumänischem und der Rest auf ukrainischem Territorium. Der rumänische Teil zählt zur Norddobrudscha und soll in diesem Buch wegen seiner Andersartigkeit als Feuchtgebiet von der trockenen Dobrudscha mit ihren Waldsteppen abgegrenzt werden. Die Dobrudscha ist eine historische Landschaft, die im Grenzgebiet zwischen Rumänien und Bulgarien an der Donau liegt.

Bis vor rund 100 000 Jahren ist die Donau noch den geraden Weg vom heutigen Cernavodă durch die südliche Dobrudscha in Richtung Osten geflossen und erreichte beim heutigen Constanța das Schwarze Meer. Als nach dem Ende der Riss- und zu Beginn der Würmeiszeit plattentektonische Verschiebungen den dortigen Küstenstreifen anhoben, zwangen sie die Donau, ihren Lauf zu ändern. Zunächst floss sie in nördlicher Richtung, um in einem großen Bogen das Măcin-Gebirge zu umgehen und dann beim heutigen Galați wieder ihren Weg in Richtung Osten und ins Schwarze Meer zu finden. Ihr ursprüngliches Tal, das Carasu-Tal, wurde im vergangenen Jahrhundert zur Anlegung des Donau-Schwarzmeer-Kanals genutzt.

Als vor etwa 8 000 Jahren mit der Überflutung des Bosporus durch das Mittelmeer die Entwicklung des Deltas einsetzte, floss die Donau noch im Gebiet des heutigen Deltas durch ein Tiefland, das im Süden von Bergrücken herzynischen Ursprungs gesäumt und von einzelnen Erhebungen unterbrochen war. Weiter ging es östlich der heutigen Donaumündung bei Sfântu Gheorghe ins damals etwa 100 Meter tiefer liegende Schwarze Meer. Mit dem rapiden Anstieg des Meeresspiegels nach dem Durchbruch des Mittelmeers ins Schwarze Meer wurde das Tieflanddreieck zwischen den heutigen Orten Galați im Westen, Prymorske (Ukraine) im Nordosten und Dunavățu de Sus im Südosten überflutet. In die dabei neu entstandene Meeresbucht mündete die Donau anfangs noch oberhalb des heutigen Isaccea. Je mehr gewaltige Mengen Schwemmmaterials der Strom in der Bucht ablud und diese damit auffüllte, desto weiter verschoben sich relativ rasch die zwei und schließlich drei trichterförmigen Mündungsarme in Richtung Osten und schufen im Laufe der Zeit das Donaudelta in seiner heutigen Ausdehnung.

Anfänglich gab es nur den Sfântu-Gheorghe-Arm der Donau, der das Wasser zum Meer brachte. Damals waren das Gefälle der Donau und damit die Wassermassen, die der Strom im Zuge des Abschmelzens der eiszeitlichen

▲ Vorherige Doppelseite und ▸: Morgenstimmungen im Donaudelta

Nebelmorgen
im Donaudelta

Gletscher mit sich führte, noch deutlich größer als heute. Das führte zu enormer Erosion und Abspülung der während der Eiszeiten in die pannonische Tiefebene eingewehten mächtigen Lössschichten. Parallel zur Verlandung der Donaubucht im Norden kam es zur Anspülung einer Sandbankbarriere zwischen den aus der Meeresbucht ragenden Inseln Letea, Stipoc und Caraorman. Im Laufe der Deltaentwicklung stauten sich wiederholt für kurze Zeit ein oder mehrere große Süßwasserseen (Limane) auf, während die Donau bzw. ihre Arme die Sandbankbarriere an den unterschiedlichsten Stellen immer wieder durchbrachen. Diese Durchbrüche verlandeten erneut, und die Wassermassen der Donau durchstießen die Barriere an anderer Stelle. Ein Wechselspiel im Zuge der Ausdehnung des Deltas, das sich im Kleinen auch heute noch vollzieht und durch den nicht vorkommenden Gezeitenwechsel am Schwarzen Meer begünstigt wird. Dies zeigt sich im Mündungsbereich des Chilia- und des Sfântu-Gheorghe-Arms, wo die Verlandung neue Seitenarme nördlich bzw. südlich der alten Hauptarme entstehen ließ, die das Delta an seinen seitlichen Rändern mit erheblicher Dynamik weiter ins Schwarze Meer hineinwachsen lassen.

## Klima

Im Becken der unteren Donau herrscht ein trockenes Kontinentalklima mit sehr heißen Sommern und kalten Wintern. Extreme Temperaturunterschiede von bis zu 40 °C im Sommer und minus 25 °C im Winter sind keine Seltenheit. Die mittlere Temperatur im Januar beträgt 0,3 °C und die im Juli 22,4 °C. Das Jahresmittel liegt bei 11,0 °C. Die geringsten Niederschlagsmengen werden im Bereich der Donaumündung gemessen. Im Sommer fällt häufig so gut wie kein Regen, nicht selten kommt es nur zu kurzen, lokalen Niederschlägen im Gefolge von Gewittern. So liegt in Sulina, dem Städtchen direkt an der Mündung des gleichnamigen Donauarms, die mittlere Jahresniederschlagsmenge bei 350 Millimeter. Trotz der stetigen, überwiegend aus nordöstlicher, seltener südlicher Richtung wehenden Winde, die besonders in der kalten Jahreszeit sehr stürmisch sind, herrscht im Delta vor allem im Sommer oft über einen Großteil des Tages absolute Windstille – bis die Temperaturunterschiede zwischen Wasser und Land so groß sind, dass wieder ein leichtes Lüftchen weht. Zusammen mit der hohen Luftfeuchtigkeit bewirkt das in den heißen Sommermonaten ein fast tropisches Mikroklima (Maier 2001). Das Schwarze Meer beeinflusst erheblich das Klima im Donaudelta und der Dobrudscha, wenn auch weniger stark als das südlicher gelegene und deutlich größere Mittelmeer. Nach einem langen, oft weit in den Dezember hinein milden Herbst fällt unter dem Einfluss starker eisiger Nordostwinde die Temperatur deutlich ab. Der Frühling setzt relativ spät ein und geht unter dem Einfluss der sich rasch erwärmenden eurasischen Landmassen in den heißen Sommer über. In den niederschlagsarmen Wintern werden die tiefsten Temperaturen, die regelmäßig die flachen Gewässer des Donaudeltas zufrieren lassen, meist erst Mitte Januar und im Februar erreicht.

◂ Aufziehendes Gewitter mit starken Niederschlägen über dem Golovița-See.

▲ In den letzten Jahren sind strenge Winter mit längeren Frostperioden und Schnee im Donaudelta selten geworden. Wenn eine derartige Wetterlage eintritt, wie hier im Januar 2026, frieren zuerst die kleinen Seitenarme gefolgt von den Seen zu. Ein Zufrieren der Hauptarme passiert nur bei anhaltendem Frost und setzt die Donauschifffahrt vor Probleme.

▶ Hunderte Blässhühner (*Fulica atra*), Kolbenenten (*Netta rufina*) und Höckerschwäne (*Cygnus olor*) halten sich an den letzten eisfreien Bereichen der Seen auf.

▼ Folgende Doppelseite: Zwei Kormorane (*Phalacrocorax carbo*) ruhen auf dem Eis des teilweise zugefrorenen Razim-Sees vor dem Kap Dolojman. Starker Ostwind hat die Eisschollen zum Teil übereinandergeschichtet.

Winter im Donaudelta

# Schilf und Wasserarme

„Wer ins Delta fährt, der fährt ins Vergessen."

*Altes Sprichwort der Donaufischer*

Seit Jahrtausenden gibt es im Frühjahr Hochwasser unvorstellbaren Ausmaßes. Dies konnte durch die Anlage von Staustufen, Deichen und Flussregulierungen in den vergangenen 100 Jahren bis zu einem gewissen Grad eingedämmt werden. Vor allem in jüngster Zeit jedoch forderten Überflutungen wieder vermehrt Opfer unter der Bevölkerung und verursachten verheerende Sachschäden, da nach 1990 viele bisher unbebaute, hochwassergefährdete Gebiete in Bauland umgewandelt wurden. Doch bei allen Gefahren, die nach wie vor mit den starken Frühjahrshochwassern für die Menschen im Delta verbunden sind, bilden sie für seinen Wasserhaushalt und damit den Fortbestand dieses einzigartigen riesigen Feuchtgebiets mit seiner spezifischen einmaligen Flora und Fauna das unverzichtbare Lebenselixier, dem es seit gut 8 000 Jahren sein dynamisches Wachstum und seinen bis heute bewahrten, wenn auch stark bedrohten Naturzustand verdankt.

◂ Das Donaudelta von oben zeigt sich wie eine bunte Landkarte aus dunkelblauen Seen, Auwäldern, Kanälen und ausgedehnten grünen Schilfbeständen.

Das obige Sprichwort stammt aus einer Zeit, in der laut Überlieferung der Deltabewohner der Donaustrom jedes dritte Jahr mit mächtigen Wassermassen von bis zu 9000 m³ pro Sekunde die zahllosen Kanäle, Teiche und Seen überschwemmte, genauso wie verlandete und tote Gewässer, Schilfflächen, Weidenurwälder, Dünengebiete und Inseln. „Die Donau wird dann zur Riesin. Sie wischt Dörfer, Uferböschungen und Deiche wie Kartenhäuser weg und verwandelt das Delta in ein Meer vor dem Meer" (aus Friedrich 2014).

Das Donaudelta besteht heute aus drei Hauptarmen, dem Chilia-Arm im Norden, dem Sulina-Arm in der Mitte und dem Sfântu-Gheorghe-Arm im Süden. Mit dem wasserreichsten, dem Chilia-Arm, gelangen etwa 60 Prozent des Flusswassers ins Schwarze Meer; 104 Kilometer lang, zweigt er wenige Flusskilometer oberhalb der Hafenstadt Tulcea nach Nordosten ab. Östlich von Tulcea, dem Tor zum Delta, teilt sich der Tulcea-Arm in den mittleren, mit 64 Kilometern kürzesten Arm der Donau, den Sulina-Arm, und in den südlichen Sfântu-Gheorghe-Arm mit seinen heute noch 70 Kilometern, betrug die Länge doch vor dem Durchstechen seiner zahlreichen Mäander 109 Kilometer. In beiden Armen fließen im Mittel 17,7 Prozent (Sulina-Arm) bzw. 21,5 Prozent (Sfântu-Gheorghe-Arm) des Donauwassers in Richtung Schwarzes Meer.

Der Sulina-Arm wurde schon zwischen 1858 und 1902 begradigt und kanalisiert, er wird bis heute von Meeresschiffen bis zur 171 Flusskilometer oberhalb der Mündung gelegenen Hafenstadt Brailă befahren. Da die Mündungen aller drei Arme kontinuierlich verlanden, muss die Mündung des Sulina-Arms seit Abschluss der Kanalisierungsarbeiten unablässig auf eine Tiefe von 7 Meter ausgebaggert werden, um für kleinere Ozeanschiffe schiffbar zu bleiben (Kiss 1988). Lag das Hafenstädtchen Sulina – mit nur 3,5 Metern über dem Meeresspiegel die tiefstgelegene rumänische Stadt – zu Beginn des 20. Jahrhunderts noch an der Mündung des Arms, so mündet dieser inzwischen gut 5 Kilometer östlich von Sulina ins Schwarze Meer.

Von den Hauptarmen zweigt ein unentwirrbares Labyrinth kleiner und größerer Kanäle, Tümpel, Teiche und Seen ab. Diese Gewässer durchziehen einen nicht weniger verwirrenden Flickenteppich aus Auwäldern, kahlen und bestrauchten fluvialen Schlickbänken, Waldinseln sowie große Sandbankinseln wie Letea oder Caraorman mit ihren Dünenwäldern. An all diese Landschaftsformen schließt sich im meernahen östlichen Drittel des Deltas ein schier endloser, nur mit einzelnen Pfahlwurzeln am Grund verankerter Schilfwald an. Seine Rhizome hängen von dem durch die mächtigen Sandbankbarrieren der Meeresküste erzwungenen Rückstau der Donauwasser ab. Einschließlich der übrigen Schilfzonen des Donaudeltas ist es mit 1800 Quadratkilometern das größte zusammenhängende Schilfgebiet der Erde.

Hauptverkehrsmittel im Delta sind Boote aller Art. Man kann mit regulären Passagierschiffen die Siedlungen erreichen, es verbinden sie aber auch sehr viele kleinere Boote, die mit Besuchern die sehenswerten Teile des Feuchtgebiets erkunden. Selbst wenn wir stundenlang durch die endlosen Schilfflächen, über kleinere und größere Verbindungskanäle, von See zu See unterwegs sind, sehen wir

▸ Mündung eines Seitenarms des Sfântu-Gheorghe-Stroms in das Schwarze Meer mit Blick in die Lagune Sacalin. Sedimenthaltiges Wasser vermischt sich mit klaren, filtrierten Anteilen eines weiteren Zuflusses.

nur selten Landmarken, wie die Hügel von Beştepe am Sfântu-Gheorghe-Arm, die eine gewisse Orientierung erlauben. Hin und wieder führen die Kanäle auch durch Auwälder, meist mit uralten Silber-Weiden. An der Grenze zwischen der westlichen fluvialen und der östlichen maritimen Hälfte des Deltas erstrecken sich die beiden großen Sandbänke Grindul Letea und Grindul Caraorman. Sie sind maritimen Ursprungs, wie auch mehrere andere Sandbänke direkt an der Küste, darunter das Grindul Sărăturile nördlich der Mündung des Sfântu-Gheorghe-Arms oder das Grindul Lupilor zwischen den Seen Golovița und Sinoie im Süden. Zwischen den zum Teil bis zu 12,4 Meter hohen ehemaligen Wanderdünen des Grindul Letea wächst in deren Senken der berühmte Letea-Urwald, das erste, 1938 eingerichtete Naturschutzgebiet des Donaudeltas und Rumäniens. Hier stoßen wir – in einem derartigen Feuchtgebiet völlig unerwartet – auf uralte Stiel-Eichen (Unterart Gestieltblütige Eiche) und Behaarte Eschen und andere Hartlaubgewächse sowie auf einen „Exoten" des Donaudeltas, die Griechische Baumschlinge (*Periploca graeca*; siehe S. 26/27), aber auch mehrere Orchideen wie den Violetten Dingel (*Limodorum abortivum*) oder das Wanzen-Knabenkraut (*Orchis coriophora*).

Der Wappenvogel des Biosphärenreservats ist der Rosapelikan (*Pelecanus onocrotalus*), der hier mit seiner größten Population außerhalb Afrikas von etwa 16 000–19 000 Brutpaaren vertreten ist (Kiss et al. 2019). Aber auch dem wesentlich selteneren und als Art bedrohten Krauskopfpelikan (*Pelecanus crispus*) können wir immer wieder auf dem weitläufigen Gewässernetz begegnen. Größere Gruppen findet man besonders im südlichen Lagunenkomplex auf den Seen Golovița, Sinoie und Nuntași in der Nähe seiner beiden kleinen Brutkolonien. In ausgedehnten Schilfbeständen brüten die zwei europäischen Dommeln und der Purpurreiher (*Ardea purpurea*). Die übrigen sechs europäischen Reiherarten nisten während der alljährlichen Frühjahrsüberschwemmungen auf im Wasser stehenden Weiden. Knapp drei Dutzend große, gemischte Kolonien (2 000–20 000 Brutpaare) teilen sich den Standort mit Kormoran (*Phalacrocorax carbo*), Zwergscharbe (*Microcarbo pygmeus*), Löffler (*Platalea leucorodia*; siehe S. 82/83) und Braunem Sichler (*Plegadis falcinellus*; siehe S. 88/89). Weitere, im übrigen Europa seltene und zum Teil vom Aussterben bedrohte Tierarten sind der in den Dünenlandschaften lebende Steppenrenner (*Eremias arguta*; siehe S. 44/45) oder die Europäische Sumpfschildkröte (*Emys orbicularis*; siehe S. 64/65), die Moorente (*Aythya nyroca*) sowie die Rotflügel-Brachschwalbe (*Glareola pratincola*; siehe S. 106/107), auch der Europäische Nerz (*Mustela lutreola*) oder die Wildkatze (*Felis silvestris*) sind in diesem einzigartigen Lebensraum noch heimisch. Kein Wunder, dass das Donaudelta heute nicht nur unter Ornithologen ein beliebtes Reiseziel geworden ist. Mit seiner artenreichen Flora und Fauna, seinen über 360 nachgewiesenen Vogelarten – davon 174 als Brutvögel – ist es im Vergleich zu Mitteleuropa ein wahres Natur- bzw. Vogelparadies. Das soll aber nicht darüber hinwegtäuschen, dass es in den letzten 150 Jahren eine ganze Reihe von negativen Eingriffen in dieses „Paradies" gab und auch heute noch gibt.

◂ Während der Paarungszeit und noch vereinzelt in der Brutzeit tragen Rosapelikane (*Pelecanus onocrotalus*; oben) ein deutlich zartrosa gefärbtes Gefieder. Zudem bilden sie einen orangefarbenen Stirnhöcker und eine rötliche Schnabelzeichnung aus. Das markanteste Merkmal der Krauskopfpelikane (*Pelecanus crispus*; unten) im Prachtkleid ist der leuchtend rote Kehlsack.

## Griechische Baumschlinge im Letea-Wald

Zwischen den Sanddünen der größten maritimen Sandbank des Donaudeltas, dem Grindul Letea, befindet sich der am nördlichsten gelegene subtropische Wald Europas und zugleich das älteste Naturreservat Rumäniens. Über 70 Prozent der Tierarten des gesamten Donaudelta-Biosphärenreservats sind auch im Letea-Wald anzutreffen. Unter den 500 nachgewiesenen Pflanzenarten verleihen Schlingpflanzen wie beispielsweise Gewöhnliche Waldrebe (*Clematis vitalba*), Hopfen (*Humulus lupulus*), Wilde Weinrebe (*Vitis vinifera* subsp. *sylvestris* – Synonym: *Vitis sylvestris*) oder Gemeiner Efeu (*Hedera Helix*) dem Wald einen tropischen Anschein. Bemerkenswert unter den Schlingpflanzen ist die zur Familie der Hundsgiftgewächse (Asclepiadaceae) gehörige Griechische Baumschlinge (*Periploca graeca*). Die giftige, lianenartige Pflanze ist gerade im Letea-Wald recht häufig und leicht zu finden, daneben aber auch in anderen Teilen des Deltas wie dem Caraorman-Wald oder in der Umgebung von Sfântu Gheorghe verbreitet. Sie windet sich auffällig an den mehrere Hundert Jahre alten, knorrigen Stiel-Eichen (*Quercus robur*) empor und erreicht dabei Wuchshöhen von bis zu 15 Metern. Der Stammdurchmesser der Baumschlinge reicht von fingerdünn bis armdick, die gegenständigen Laubblätter sind 4–12 cm lang. Die Blütezeit erstreckt sich über etwa zwei Wochen, in der Regel Ende Mai/Anfang Juni. Ihre aparten, kleinen, traubenförmig angeordneten Blüten mit einem Durchmesser von maximal 2,5 cm sind außen grünlich und innen dunkelviolett. Neben den nur an der Basis miteinander verwachsenen und an den Rändern weiß behaarten Kronenblättern sind die Staubblätter auffällig prominent und bilden ein sogenanntes Nebenkrönchen.
Die natürliche Verbreitung der Griechischen Baumschlinge erstreckt sich vom östlichen Mittelmeergebiet über den Balkan bis zum Kaukasus. Die über ihre ursprünglichen Areale hinausgehende Verbreitung durch den Menschen als Zierpflanze, zum Beispiel in Mitteleuropa, zeigt die ökologische Anpassungsfähigkeit dieser Pflanzenart.

# Landschaft und Vegetation

## Unterschiedliche geografische Florenelemente

Das Donaudelta und die Dobrudscha stehen aufgrund ihrer relativ südlichen, nach Osten und Nordosten hin ungeschützten, im Westen von Karpaten und Balkangebirge abgeschirmten maritimen Lage (45°24' nördlicher Breite) unter dem Einfluss unterschiedlicher Klimazonen. Entsprechend finden wir hier neben der dominanten pannonischen und südrussischen Steppenflora zahlreiche Vertreter der mediterranen und mitteleuropäischen Flora sowie der des Balkans. Hier, wo das vorherrschende Kontinentalklima unter dem Einfluss des Schwarzen Meeres leicht abgemildert wird, erreichen eine ganze Reihe dieser südlichen und westlichen Florenelemente ihre Verbreitungsgrenze.

## Große Vielfalt an Pflanzen und Lebensräumen

In Rumänien sind circa 3 800 Pflanzenarten nachgewiesen (Ciocârlan 2009), von denen etwa die Hälfte in der Dobrudscha und dem Donaudelta vorkommen. Im rumänischen Teil des Deltas einschließlich seiner südlichen Lagunenseen siedeln auf einer Fläche von circa 4 650 Quadratkilometern 1 839 Pflanzenarten (Gâștescu 2008). Grund für diesen Artenreichtum ist ein Mosaik verschiedenster Lebensräume. Auf engstem Raum treffen tiefe Fließgewässer, stehende Altarme, stark strömende Seitenkanäle und seichte Seen in verschiedenen Verlandungsstadien, schwimmende Inseln, riesige Röhrichtgebiete, Salz- und Feuchtwiesen, Auen- und Trockenwälder, Dünen, breite Sandstrände und andere Trockenbiotope aufeinander. Die wichtigsten dieser Lebensräume oder Biotope stellen wir mit einer Auswahl ihrer charakteristischen Pflanzenarten im Folgenden näher vor.

## Endlose Schilfwälder – Lebensraum für Spezialisten

Das im Donaudelta auf rund 1 800 Quadratkilometer sich erstreckende, größte zusammenhängende Schilfgebiet der Erde setzt sich zu ungefähr 80 Prozent aus Pflanzen einer einzigen Art, dem Schilfrohr (*Phragmites australis*), zusammen. Das Schilf erreicht hier Höhen von 4–6 Metern und besiedelt das Schwemmland seit der Entstehung des Donaudeltas vor etwa 8 000 Jahren. Zwar ist das Schilfrohr die dominante und bestandsbildende Pflanzenart mit der höchsten Biomasse, aber in seinem undurchdringlichen Dickicht entdecken wir weitere Pflanzenarten, wie den Bittersüßen Nachtschatten (*Solanum dulcamara*), Wurmfarne (*Dryopteris* spec.), Sumpf- und Warzen-Wolfsmilch (*Euphorbia palustris* und *E. myrsinithes*) sowie Kalmus (*Acorus calamus*) und Drachenwurz (*Calla pallustris*).

Vornehmlich an den Rändern der großen Schilfflächen finden wir häufig Breitblättrigen und Schmalblättrigen Rohrkolben (*Typha latifolia* und *T. angustifolia*), Froschlöffel (*Alisma plantago*), Ästigen Igelkolben (*Spaganium erectum*), Gemeines und Lanzettblättriges Pfeilkraut (*Sagittaria sagittifolia* und *S. lancifolia*), Asch-Weide (*Salix cinerea*) und

▸ Ausgedehnte Schilffläche im Mündungsbereich des Donaudeltas. Im Hintergrund das Schwarze Meer.

viele Arten mehr. In Bereichen, die zeitweise trockenfallen, wachsen dann auch typischerweise Sumpf-Schwertlilie (*Iris pseudocorus*), Wasserminze (*Mentha aquatica*) oder Gewöhnlicher Beinwell (*Symphytum officinale*).
Auf den offenen Wasserflächen findet sich die Schwimmblattvegetation mit Arten wie Wassernuss (*Trapa natans*), Krebsschere (*Stratiotis aloides*), Weiße Seerose (*Nymphea alba*), Teichrose (*Nymphea luta*), Europäische Seekanne (*Nymphoides peltata*) und Gemeiner Schwimmfarn (*Salvinia natans*), Dreifruchtige Wasserlinse (*Lemna trisulca*) oder Schwanenblume (*Butomus umbellatus*), um nur einige typische Arten zu nennen. In nährstoffarmen Gewässerabschnitten kommen auch fleischfressende Pflanzen wie die Wasserfalle (*Aldrovanda vesiculosa*) oder der auf der Wasseroberfläche schwimmende Gewöhnliche Wasserschlauch (*Utricularia vulgaris*; siehe S. 32/33) vor.

## Schwimmende Inseln – *plauri*

Auf den Seen und Kanälen des Donaudeltas begegnen uns regelmäßig die sogenannten schwimmenden Inseln (rumänisch: *plauri*, Mehrzahl von *plaur*), manchmal blockieren sie nach einem heftigen Gewittersturm auch Engstellen von Kanälen. Stürme und Orkanböen reißen gerne in den großen zusammenhängenden Riedgebieten bei meist höherem Wasserstand schwimmende, miteinander verwachsene Schilfrohrpflanzen samt Rhizom aus ihrer Verankerung am Gewässergrund und treiben das mit seinem Wurzelgeflecht an der Wasseroberfläche schwimmende hochgewachsene Schilfrohr wie kleinere Segel vor sich her – bis sie sich an Hindernissen verfangen oder bei Windstille nur noch von der Wasserströmung weiterbewegt werden. Kaum zu einem Teil aus dem Wasser aufgetaucht,

▲ Auf den Seen und Kanälen sind die schwimmenden Inseln, sogenannte *plauri*, typische Erscheinungen. Immer wieder lösen sich bei Hochwasser von den zusammenhängenden Schilfgebieten Inseln verschiedener Größe ab und treiben frei durchs Wasser.

◀ Im Deltainneren breiten sich in Wasserarmen, Kanälen und Seen vielerorts Teppiche von Schwimmblattpflanzen aus, die entweder kleine Nischen füllen oder ganze Seen bedecken.
Die Wassernuss (*Trapa natans*; unten) bildet ausgedehnte Schwimmblattpflanzenteppiche aus. Gegart ist der stärkehaltige Kern essbar.

### Gewöhnlicher Wasserschlauch

Zwischen Juni und Anfang August ragen rotbraune Triebe, die locker angeordnete goldgelbe Blüten tragen, senkrecht aus dem Wasser. Diese Pflanze aus der Familie der Wasserschlauchgewächse (Utriculariaceae) wird in der vielfältigen Flora der Schwimmpflanzenzone leicht übersehen. Erst bei genauerem Hinsehen fällt dem Besucher dieser eigenartige Spezialist unter den Wasserpflanzen auf.

Der Gewöhnliche Wasserschlauch (*Utricularia vulgaris*) ist eine wurzellose, flutende Wasserpflanze, die in Altwassern und schwach fließenden und verkrauteten Kanälen zwischen den übrigen Schwimmpflanzen wächst. Das Besondere an ihr ist, dass sie zu den fleischfressenden Pflanzen gehört und ihren Stickstoffbedarf zum Teil durch das Erbeuten von kleinsten Wassertieren deckt. Dazu dient ein unter der Wasseroberfläche verzweigtes Geflecht von Wasserblättern, die sich in feine Zipfel aufteilen und zahlreiche schlauch- und blasenförmige Anhängsel tragen. Die Wände dieser Fangschläuche bzw. -blasen sind mit Drüsen besetzt, die zuckerhaltigen Schleim absondern und damit potenzielle Beute wie beispielsweise Kleinkrebse, Mückenlarven oder Wasserflöhe anlocken.

Die Klappen der Fangblasen sind mit feinen Borstenhaaren besetzt und fest verschlossen. Berührt ein Beutetier die Klappe einer Fangblase, so schnellt diese nach innen auf. Der zuvor in den Fangschläuchen aufgebaute Unterdruck lässt Wasser einströmen und reist das Beutetier mit. Dieser Vorgang dauert nur 2 Millisekunden und stellt eine der schnellsten Bewegungen im Pflanzenreich dar. Im Inneren der Fangblase werden eiweißverdauende Sekrete ausgesondert, die das Opfer rasch verwerten. Anschließend wird die Fangblase wieder entleert, ist erneut fangbereit und kann mehrmals am Tag erfolgreich Beutetiere einfangen. An großen Pflanzen können bis zu 26 000 Fangblasen gezählt werden.

Der Gewöhnliche Wasserschlauch überwintert am Gewässergrund in Form von Überwinterungsknospen, die sich vor Beginn des Winters von der Mutterpflanze lösen und auf den Gewässergrund sinken. Sobald im Frühjahr günstigere Bedingungen herrschen, treiben diese Knospen aus, und die Pflanze erreicht die Wasseroberfläche.

sammeln sich zwischen den Schilfhalmen und auf dem Rhizom pflanzliche Reste. Ein Humusmull lässt erste Pflanzensamen keimen und innerhalb kurzer Zeit auf der schwimmenden Schilfinsel ein charakteristisches Pflanzenbiotop entstehen, zusammengesetzt aus Bittersüßem Nachtschatten (*Solanum dulcamara*), Sumpffarn (*Thelypteris palustris*), Wasserminze (*Mentha aquatica*), Gewöhnlichem Blutweiderich (*Lythrum salicaria*), Ohr-Weide (*Salix aurita*) und wenigen Arten mehr. Mit zunehmendem sekundärem Bewuchs scheinen die schwimmenden Inseln festeren Boden unter den Füßen zu bieten, doch versucht man sie zu betreten, weichen sie zurück, und man fällt in meist metertiefes Wasser. Während die Insel die kurz entstandene Öffnung rasch wieder verschließt, hat man keine Chance, durch das Geflecht aus dem Wasser aufzutauchen. Daher hütet sich die intelligente im Delta lebende Wildschweinpopulation vor den tückischen Schilfinseln, während andere Tierarten wie Fischotter, Europäischer Nerz und viele Vogelarten sie als sichere Verstecke und Ansitze schätzen.

Immer wieder finden sich schwimmende Inseln zu Ansammlungen enormer Ausmaße zusammen und tragen so erheblich zur Verlandung von Uferzonen und wenig befahrenen Kanälen bei. So halten sie wie viele andere Faktoren die Dynamik einer permanenten Veränderung dieses großartigen Lebensraums in Gang.

## Galerie- und Auwälder

Etwa 19 Prozent der Fläche im Donaudelta (ca. 1 100 Quadratkilometer) sind von Gehölzen bedeckt, die entlang der Kanäle, auf Schlammbänken und maritimen Sanddünen, wie beispielsweise dem Grindul Letea, die Größe von ausgedehnten Wäldern annehmen können. Neben verschiedenen, vor allem durch die Forstwirtschaft ins Delta eingeführten Pappelarten zählen Weiden zu den häufigsten Baumarten, die die Gewässerufer säumen, wobei unter diesen wieder die Silber-Weide (*Salix alba*) das Landschaftsbild prägt. In den Sanddünenwäldern von Letea und Caraorman herrschen Stiel-Eiche (*Quercus robur*) und Behaarte Esche (*Fraxinus pallisiae*) vor. Silber-Weiden und Stiel-Eichen erreichen oft ein sehr hohes Alter, das bei den Eichen des Letea-Waldes bis zu 800 Jahre betragen kann. Ein hoher Totholzanteil ist vorrangig bei den alten Silber-Weiden üblich. Bei verschiedenen Ameisenarten sind die oft hohlen Silber-Weiden äußerst beliebt, was die große Grau- und Schwarzspechtdichte im Donaudelta mit erklären dürfte. Ebenso ist die Silber-Weide eine Futterpflanze der Raupen des im Donaudelta noch häufig vertretenen Donau-Schillerfalters (*Apatura metis*). Holzbesiedelnde Pilze wie beispielsweise der leuchtend gelborange Schwefelporling (*Laetiporus sulphureus*) sind oft an ihnen zu finden. Entlang einiger von hohen Silber-Weiden gesäumter Kanäle springen bis in die Wipfel von Wilder Weinrebe (*Vitis vinifera* subsp. *sylvestris* – Synonym: *Vitis sylvestris*), der ursprünglichen Form unseres heute kultivierten Weines, überwachsene Bäume ins Auge.

▸ Ein von hohen Silber-Weiden gesäumter Kanal. Die Bäume werden bis in die Wipfel von Wilder Weinrebe überwuchert (oben). Der Donau-Schillerfalter (*Apatura metis*) ist in Südosteuropa und Teilen Asiens lokal verbreitet. Er lebt an Flussufern, die mit Silber-Weiden gesäumt sind – die Futterpflanze seiner Raupen.

## Maritime Sanddünen

Zwischen dem ständig überfluteten und von einem unüberschaubaren Geflecht an Gewässern durchzogenen Schwemmland liegen feste, inzwischen unter meterhohen maritimen Sanden begrabene Inseln. Sie stammen aus der Zeit vor der Deltabildung, als das Schwarze Meer das heute von den Donausedimenten bedeckte eiszeitliche Tiefland überschwemmt hatte. An den Ufern dieser ehemaligen Inseln hatte das Schwarze Meer im Zusammenspiel mit der Donau im Laufe der Jahrtausende solch gewaltige Mengen Sand angespült, dass die unablässig wehenden Winde vor allem auf dem Grindul Letea und dem Grindul Caraorman bis zu 12,4 Meter hohe Dünen und damit die höchsten Erhebungen im ganzen Delta auftürmen konnten. Das Zusammenwirken von Meeresströmung und Windkraft formierte die Dünen von Letea in Nord-Süd-Richtung. Es entstanden bis zu 10 Kilometer lange Dünenketten, zwischen denen wenige Hundert Meter breite, nur knapp über dem Grundwasserspiegel liegende Zonen ideale Bedingungen für die Entwicklung der Waldstreifen boten. Sie werden von regelmäßig parallel verlaufenden Dünenrücken unterbrochen, die meist 3–4 Meter höher liegen und eine fragile, genügsame Pionierpflanzengesellschaft als kargen Bewuchs aufweisen. Ihre Wurzeln können das in dieser extrem trockenen Sandwüste lebensspendende Grundwasser nicht erreichen.

Der Urwald von Letea ist mit seinen 2 825 Hektar auch der größte Wald des Donaudeltas. Er gilt zudem als der nördlichst gelegene subtropische Wald Europas. Die Wälder von Letea und Caraorman zählen zu den Hartlaubholz-Auwäldern, in denen Stiel-Eichen (*Quercus robur*) und Behaarte Eschen (*Fraxinus pallisiae*) vorherrschen. Es kommen aber auch Schmalblättrige Esche (*Fraxinus angustifolia*), Zitter-Pappel (*Populus tremula*), Schwarz-Pappel (*Populus nigra*), Silber-Pappel (*Populus alba*), Silber-Weide (*Salix alba*), Silber-Linde (*Tilia tormentosa*), Wild-Birne (*Pyrus pyraster*) und Filzapfel (*Malus dasyphylla*) vor. Auf den Bäumen wachsen Kletter- und Hängepflanzen wie z. B. Wilde Weinrebe (*Vitis sylvestris*), Gewöhnliche Waldrebe (*Clematis vitalba*), Hopfen (*Humulus lupulus*) oder Efeu (*Hedera Helix*). Eine Besonderheit ist die bis 25 Meter lang werdende Griechische Baumschlinge (*Periploca graeca*; siehe S. 26/27), die hier ihr nordöstlichstes Vorkommen in Europa hat. Zur Blütezeit bildet sie viele filigrane kleine violette Blüten aus, die von den Bäumen herabhängen. Wie ein lichter Pflanzengürtel umgibt die Waldinseln in den Dünensenken eine gut ausgebildete Strauchvegetation aus Eingriffligem Weißdorn (*Crataegus monogyna*), Hunds-Rose (*Rosa canina*), Schneeball (*Viburnum opulus*), Schwarzem Holunder (*Sambucus nigra*), Kornelkirsche (*Cornus mas*), Schlehe (*Prunus spinosa*), Pfaffenhütchen (*Euonymus europaeus*), Purgier-Kreuzdorn (*Rhamnus cathartica*) und Berberitze (*Berberis vulgaris*), um nur einige zu nennen.

Grundwasserabsenkungen durch Kanalbauten, Vertiefung der Schifffahrtswege und Eindeichungen führten in den vergangenen Jahrzehnten zu starken Schäden an den Hartlaubholzauen des Deltas. Durch Wassermangel

◂ Der Blick von oben auf die Dünen und den Urwald von Letea. Uralte Bäume, vor allem krumm gewachsene Eichen, prägen sein Bild. Große Totholzmengen bedingen eine hohe Artenvielfalt unter den Insekten.

Seen, Auwälder und maritime Sanddünen

sterben sowohl Jung- als auch Altbäume ab. Im Sommer liegt der Grundwasserspiegel weniger als einen halben Meter tiefer als üblich, was auch durch die stetig steigenden Trink- und Brauchwasserentnahmen aus der Donau der Anrainerstaaten und die zunehmende Bewässerung der Felder mit Donauwasser bedingt ist. Vor allem der Letea-, aber auch der Caraorman-Wald leiden zudem unter den zahlreichen verwilderten Pferden und Kühen, die in diesen Schutzgebieten in den trockenen Sommern und im Winter die Rinde von den jungen Bäumen im Unterholz und der Sträucher abschälen und dadurch absterben lassen.

Auf den fast humuslosen, wasserdurchlässigen Dünen aus quarzhaltigen Sanden können nur die wenigen Pflanzenarten gedeihen, die an eine weitgehend niederschlagsfreie Zeit im Jahr und in den Sommern sehr heiße Umgebung angepasst sind. Prägend für bestimmte Dünenabschnitte ist der Meerträubel (*Ephedra distachya*), ein Zwergstrauch, der vor allem im Sommer durch seine roten beerenartigen Früchte auffällt und meist flächig im Bereich der Binnendünen wächst. Daneben treffen wir auf Blütenpflanzen wie Reiherschnabel (*Erodium cicutarium*), Österreichischer Lein (*Linum austriacum*), Ginster-Leinkraut (*Linaria genistifolia*) oder Sichelmöhre (*Falcaria vulgaris*), Sandwinde (*Convolvulus persicus*), Haar-Pfriemengras (*Stipa capillata*).

## Lagunen, Salzwiesen und Sandbänke

Das größte zusammenhängende Lagunensystem, der Razim-Sinoie-Lagunenkomplex, liegt im Süden des Donaudeltas. An der Küstenlinie zum Schwarzen Meer erstreckt sich ein strukturreicher Wechsel zwischen großen ehemaligen Brackwasserlagunen und den parallel zur Meeresküste verlaufenden Meeressandbänken. Für die Entstehung dieser Dünen und Sandbänke (rumänisch: Grinduri) sind in erster Linie die Meeresströmungen verantwortlich, die die angeschwemmten Donausedimente entlang des Übergangs vom offenen Meer in die flache Meeresbucht von Halmyris ablagerte und so immer größere Teile der Bucht allmählich einschloss. Dadurch wurden quer zur in nordsüdlicher Richtung verlaufenden Küste Sandbänke in drei große Brackwasserlagunen aufgeteilt, das sind die heutigen Seen Razim (415 Quadratkilometer einschließlich des Babadag-Sees) und Golovița (282 Quadratkilometer einschließlich des kleineren Zmeica-Sees) und der noch leicht brackige Sinoie-See (135 Quadratkilometer). In enger Verzahnung der maritimen Sandbänke mit den Lagunen und Salzwiesen bildete sich eine Einheit mit kleinflächigem Wechsel xerophiler mit hygro- und halophiler Vegetation. Entsprechend vielfältig und artenreich sind diese Lebensräume.

Die Meeresverbindungen der Lagunen wurden in den 1970er-Jahren weitgehend geschlossen, die Gewässer durch vermehrten Zufluss aus der Donau über vom Sfântu-Gheorghe-Arm abzweigende Kanäle in Süßwasserseen umgewandelt, um sie intensiv für die Fischzucht und zur Bewässerung der angrenzenden Felder zu nutzen. Der einzige See, der noch einen geringen Salzgehalt aufweist und eine schmale Verbindung mit dem Schwarzen Meer besitzt, ist der Sinoie-See.

Grindul Chituc, Grindul Săcele und Grindul Lupilor werden die drei größten Dünengebiete genannt, die sich zwischen und seitlich dieser großen Wasserflächen erstrecken. Allein schon die große Fläche von 282 Quadratkilometer, die sie mit ihren an vielen Stellen von flachen, meist schmalen Teichen und Tümpeln durchzogenen Dünen, ihren regelmäßig zur Zeit der Frühjahrshochwasser unter Wasser

▲ Salzwiesen und maritime Sandbänke mit ihren flachen, temporären Wasserflächen stellen einen besonderen Lebensraum für zahlreiche Tiere und Pflanzen dar. Hier gibt es einen kleinflächigen Wechsel zwischen trockenen und feuchten Bereichen, das ermöglicht eine hohe Artenvielfalt.

stehenden Salzwiesen, ihrem in nordsüdlicher Richtung die Meeresküste entlang ziehenden Strandstreifen zusammen mit einigen kleineren vergleichbaren Gebieten und den beiden im Razim-See liegenden Felseninseln Popina und Bisericuță im südlichen Lagunenkomplex (Gesamtgröße 1 145 Quadratkilometer) einnehmen, lässt ahnen, welch spezielle, an sandig-tonige Salzböden angepasste Flora uns dort erwartet: so der Salzsteppen-Wermut (*Artemisia santonicum*), Pannonien-Queller (*Salicornia prostrata*) und die Strand-Aster (*Aster tripolium*), der Dünnähren-Wegerich (*Plantago tenuiflora*), der Sumpf-Salzschwaden (*Puccinellia limosa*) und das Sumpf-Knabenkraut (*Anacamptis palustris*) oder der Steppen-Strandflieder (*Limonium meyeri*), die Steppen-Iris (*Iris halofila*) und die Sand-Radmelde (*Kochia laniflora*), um nur einige wenige Arten zu nennen, die damit zurechtkommen müssen, im Frühjahr länger im Wasser zu stehen und mit ihren Wurzeln in der Hitze des Hochsommers in einem steinharten, von Trockenrissen durchzogenen Boden auszuharren.

Doch auch viele Tierarten nutzen diese nicht nur im Gebiet der südlichen Lagunenseen, sondern auch in anderen, von maritimen Sanden gebildeten Dünen- und Salzwiesenbiotopen als Lebensraum. So brütet zum Beispiel neben anderen Limikolen die Rotflügel-Brachschwalbe (*Glareola pratincola*; siehe S. 106/107) auf den Salzwiesen des Grindul Chituc und Grindul Lupilor im Süden des Deltas und auch weit im Norden auf den Salzwiesen des Grindul Letea. Auch der Steppenrenner (*Eremias arguta*; siehe

▲ Sumpf-Knabenkraut (*Anacamptis palustris*).

◂ Strandwiese auf dem Grindul Chituc bei Vadu (oben).
Razim-See mit Steilufer und angrenzender Steppe am Kap Iancina (unten).

S. 44/45), die seltene, an ein Leben zwischen Sanddünen angepasste Echse, lebt sowohl auf dem Grindul Letea als auch auf dem Grindul Chituc. Und so gibt es noch eine ganze Reihe weiterer, zum Teil großer Dünen- und Salzwiesenhabitate wie das Grindul Sărărurile nördlich der Donaumündung bei Sfântu Gheorghe oder das von Caraorman zwischen dem Sfântu-Gheorghe- und dem Sulina-Arm, deren Flora und Fauna sich stark überschneiden. Allen diesen Lebensräumen ist auch gemeinsam, dass der Salzgehalt im Boden ihrer Salzwiesen abnimmt. Im südlichen Donaudelta vermehrt dadurch, dass mit der Umwandlung der Brackwasserlagunen in Süßwasserlagunen der Salzgehalt des Grundwassers ebenfalls immer mehr nachlässt, im gesamten Donaudelta bedingt die Intensivierung der Beweidung beispielsweise des Grindul Săcele bei den antiken Ruinen von Histria oder des Grindul Sărăturile bei Sfântu Gheorghe durch anhaltende Eutrophierung, dass mit den nährstoffarmen Salzböden auch deren fragile Dünen- und Salzwiesenvegetation allmählich verschwindet. Mit der intensiven Beweidung verschlechtert sich auch die Wasserqualität und damit das Nahrungsangebot für die dort brütenden und zur Nahrungssuche anfliegenden Vogelarten, und mit einer veränderten, artenärmeren Flora verarmt auch die zuvor vielfältige Wirbellosenfauna. So wurden 2007 im Razim-Sinoie-Lagunenkomplex noch 49 Heuschreckenarten gezählt, während im gleichen Jahr das letzte Mal die endemische Langfühlerschrecke *Isophya dobrogensis* auf der vom Weidevieh kahl gefressenen Insel Popina im Razim-See nachgewiesen werden konnte.

▲ Die Dunkle Binsenjungfer (*Lestes macrostigma*) ist eine in Südeuropa vorkommende Libelle. Sie lebt an flachen salzhaltigen Steppengewässern.

▶ Ruinen der antiken Hafenstadt Argamum am Kap Dolojman am Razim-Sinoie-Lagunenkomplex. Hier zeigt sich deutlich die Verzahnung der Lebensräume zwischen den ehemaligen Brackwasserlagunen mit Schilfgürtel sowie Steilküste und Steppe.

## Steppenrenner

Der einzige Vertreter der Gattung der Wüstenrenner (Eremias) in Europa ist der Steppenrenner (*Eremias arguta deserti*). Er erreicht an der rumänischen Schwarzmeerküste seine westliche Verbreitungsgrenze und kommt im Osten bis in die Dsungarische Gobi in der Mongolei vor. Die europäischen Tiere weisen eine Kopf-Rumpf-Länge bis zu 8 Zentimetern auf.

Im gesamten Verbreitungsgebiet werden morphologisch und molekularbiologisch sechs Unterarten unterschieden. Die im Vergleich zu den übrigen Vertretern der Gattung kompakt wirkende Eidechse macht ihrem Namen alle Ehre: Sie lebt in trockenen sandigen Gebieten und rennt bei Gefahr sehr schnell. Die Eidechse kann Strecken bis zu 70 Metern ohne Pause zurücklegen, dabei werden Rumpf und Schwanz vom Boden abgehoben. Steppenrenner können sich im Sand vergraben und nutzen kurze Wohnröhren oder natürliche Verstecke an der Sandvegetation für Ruhephasen.

Die flinke Eidechse hat ein markantes Aussehen mit einem kurzen, spitzen Maul. Es erinnert an ihre genetisch und geografisch weit entfernten Verwandten, die Krokodile. Steppenrenner erbeuten vor allem Käfer und Heuschrecken. Letztere werden aufgeschreckt, verfolgt und nach ihrer Landung erbeutet.

Die Paarungsaktivitäten der Steppenrenner sind sehr temperamentvoll. Weibchen produzieren im Jahr normalerweise zwei Gelege mit 1–12 Eiern.

Die an diesen extremen Lebensraum gut angepasste Art toleriert viel höhere Temperaturen als andere europäische Eidechsen. Um der sengenden Sonne zu trotzen, kann der Steppenrenner abwechselnd seine Gliedmaßen anheben und auf dem Bauch liegen bleiben. Diese Methode zur Abkühlung wird beispielsweise auch von Arten der Gattung Fransenfingereidechsen (Acanthodactylus) praktiziert.

Historisch gesehen ist der Steppenrenner bis unterhalb der Donaumündung vorgedrungen, wobei sich das südlichste Vorkommen in der Dobrudscha am Strand von Mamaia (auf Höhe der Lagune Siutghiol) befand. Dort ist er aufgrund der Anthropisierung des Gebiets völlig verschwunden. Derzeit kommt der Steppenrenner auf den maritimen Sanddünen des Donaudeltas (beispielsweise Grindul Caraorman und Grindul Letea) und an einigen Stränden im Lagunenkomplex beziehungsweise am Schwarzen Meer vor (so auf dem Grindul Chituc).

# Fische – Lebensgrundlage für Tier und Mensch

Im Donaudelta sind 68 Fischarten belegt, die meisten davon sind Süßwasserfische. Von diesen Fischarten sind 60 heimisch und acht nicht heimisch. Bei einer Untersuchung 2019 an der unteren Donau wurden an 186 Probestellen im Biosphärenreservat 58 Fischarten nachgewiesen. Mehr als die Hälfte der Arten sind charakteristisch für Fließgewässer. Viele Spezies sind jedoch limnophil (Arten der Stillgewässer) und bevölkern die ruhigen Bereiche der Donau, insbesondere aber ihre Altarme (Nastase et al. 2021).

Besonders zu erwähnen sind fünf Störarten: Russischer Stör (*Acipenser gueldenstaedtii*), Glattdick (*Acipenser nudiventris*), Sterlet (*Acipenser ruthenus*), Sternhausen (*Acipenser stellatus*) und Europäischer Hausen (*Huso huso*; siehe S. 50/51). Weitere typische Fischarten im Delta sind Hecht (*Esox lucius*), Zander (*Sander lucioperca*), Aal (*Anguilla anguilla*), Flussbarsch (*Perca fluviatilis*), Barbe (*Barbus barbus*) und Donauhering (*Alosa immaculata*). Weitverbreitet sind auch Güster (*Blicca bjoerkna*), Giebel (*Crassius gibelio*) und Ukelei (*Alburnus alburnus*) sowie verschiedene Weißfischarten wie Rotauge (*Rutilus rutilus*), Karpfen (*Cyprinus carpio*), Schleie (*Tinca tinca*) oder Brasse (*Abramis brama*), um nur einige zu nennen (Nastase et al. 2024).

Obwohl im Donaudelta bis 1989 jährlich erhebliche Mengen Fisch gefangen wurden, litten die Bestände darunter nur wenig, da die jährliche Schonzeit (Anfang April bis Anfang/Mitte Juni) weitgehend beachtet wurde. Außerdem waren die zwölf großen Fischzuchtbetriebe im Delta verpflichtet, zusätzlich zu der von ihnen für den Besatz ihrer Fischteiche gezüchteten Fischbrut auch eine erhebliche Menge für den Besatz der Wildgewässer aufzuziehen. Das schuf sicher einen gewissen Ausgleich zur intensiven Befischung. In der sozialistischen Zeit besaß die Fischerei eine sehr hohe Bedeutung für die Versorgung der Bevölkerung. Gleichzeitig war sie ein wichtiger Arbeitgeber für die Menschen im Donaudelta. Mit der politischen Wende in Rumänien ging auch die Zahl derer, die vom Fischfang leben, stark zurück. Heute gibt es nur noch sehr wenige Fischer, die ihren Lebensunterhalt mit dem Fischfang bestreiten. Dafür hat die Zahl der Sportfischer stark zugenommen. Ab 1990 bis etwa 2012/2015 wurden die Schonzeiten so gut wie nicht mehr überwacht, die großen Fischzuchtbetriebe haben nach und nach aufgegeben, ein Besatz der Wildgewässer erfolgte nicht mehr, und das gesamte Jahr über wurde gefischt, was die Gewässer hergaben. Dieser Raubbau wurde durch die Abwanderung vieler Deltabewohner und durch die Tag-und-Nacht-Überwachung einzelner Konzessionsgebiete, wie das der Seen Razim, Golovița und Sinoie, etwas gedämpft. Erst seit etwa zehn Jahren werden die Schonzeiten wieder kontrolliert, auch einige neue Fischzuchtbetriebe sind eingerichtet worden, die allerdings keinen Besatz für die Wildgewässer züchten. Unter den „Wildwest“-Verhältnissen nach 1990 haben besonders die Stör- und Donauhering-Populationen gelitten:



▸ Fischer werden oft bei der Reusenkontrolle von Rosapelikanen begleitet.

Während seit etwa 25 Jahren ein Störfangverbot besteht, unterliegt der Donauheringsfang erst seit wenigen Jahren wieder einigen Einschränkungen. So wird der Fang zeitweise lokal während des Aufstiegs und der Rückkehr der Heringe unterbrochen. Die Untersuchungen von Nastase et al. (2024) zeigten, dass mehr als die Hälfte der Arten tolerant gegenüber der Lebensraumzerstörung sind. Es handelt sich hierbei um weniger anspruchsvolle Arten (Generalisten). Während ein Drittel der Arten empfindlich auf die Lebensraumzerstörung reagieren, verhalten sich die restlichen Arten intermediär. Die wichtigsten anthropogenen Belastungen bestehen immer noch aus legaler und illegaler Überfischung und Umweltverschmutzung.

## Negative Auswirkung der Sportfischerei

Zunehmend begegnet man Sportanglern, die mit modernen Sonargeräten die Fische überall aufspüren und das Fischen so effektiv wie nie machen, was die stark überfischten Bestände zusätzlich schrumpfen lässt. Aber die Sportfischer bringen Geld ins Donaudelta und sind ein Wirtschaftsfaktor. Mit hochmotorisierten Booten fahren sie auch in entlegenste Winkel des Deltas und verursachen Störungen der Tierwelt. Bis vor einigen Jahren waren beispielsweise viele Nebenarme im Delta für den Bootsverkehr gesperrt. Das wurde vor sieben Jahren wieder aufgehoben. Neben den Touristenschnellbooten, die mit hoher Geschwindigkeit durch das Delta fahren, sind es auch die Boote der Sportfischer, die zusätzlich Unruhe in das Donaudelta bringen. Problematisch dabei ist, dass je Sportfischer bis zu zehn Angelruten gleichzeitig im Einsatz zugelassen sind, und die Angelberechtigungen seit Jahren kostenlos vergeben werden. Das öffnet der Maßlosigkeit Tür und Tor! Neben ansässigen Sportfischern kommen natürlich auch viele aus den übrigen Landesteilen und aus anderen europäischen Ländern, die teilweise mit Echolotgeräten Fischschwärme ausfindig machen, um die Fangquoten zu erhöhen. Die im Donaudelta zahlreichen wilden und illegalen Zeltplätze werden oft tagelang durch Angler belegt und nicht selten vermüllt hinterlassen. Dagegen soll jedoch aktuell mit härteren Strafen vorgegangen werden.

▲ Berufsfischer bei seiner Arbeit.

◀ Der Fischreichtum im Donaudelta bietet die Nahrungsgrundlage für Menschen und Tiere: Seeadler (*Haliaeetus albicilla*; oben) mit erbeutetem Fisch. Rosapelikan (*Pelecanus onocrotalus*; unten) verschlingt großen Fisch.

## Europäischer Hausen – größter Süßwasserfisch Europas

Der Europäische Hausen (*Huso huso*) ist ein Langdistanzwanderer, der vom Schwarzen Meer aus Laichmigrationen früher bis in die obere Donau durchgeführt hat. Mit der Errichtung der zwei Wasserkraftwerke am Eisernen Tor wurde diese Wanderung eingeschränkt und endet hier. Die Störfischerei an der Donau ist seit mindestens 3 500 vor Christus belegt und Störe besaßen wohl eine hohe Bedeutung als Nahrungsquelle. Schon seit dem Mittelalter wurden die Laichfischbestände vor allem in der Unteren und Mittleren Donau rücksichtslos ausgebeutet. Die Blütezeit der Hausenfischerei war bereits im Mittelalter und in der frühen Neuzeit. Der allmähliche Niedergang erfolgte schon zwischen dem 16. und 18. Jahrhundert.

Die Hausen wurden mit Harpunen, Netzen oder Zäunen gefangen. In einem Bericht von 1578 heißt es, dass an einem Fangzaun im slowakischen Kolárovo in nur 13 Tagen 140 Hausen erbeutet wurden. 1537 sollen an einem Fangzaun sogar 1 000 Hausen gefangen worden sein. Die starke Übernutzung der Hausenbestände führte bereits ab der frühen Neuzeit dazu, dass sie aus der Donau oberhalb Wiens fast vollständig verschwanden (Schmall & Friedrich 2014). Aufgrund ihrer Seltenheit gilt heute ein striktes Fangverbot für die Hausen. Nach Friedrich et al. (2014) ist die illegale Fischerei aber immer noch eine der größten Bedrohungen für die Störe der Unteren Donau.

Die Danube Sturgeon Task Force (DSTF) ist eine im Rahmen der EU-Strategie für den Donauraum eingerichtete Initiative zur Unterstützung lebensfähiger Populationen von Donau-Störarten. In ihr sind Personen aus Wissenschaft, Wasser- und Naturmanagement sowie der Zivilgesellschaft vertreten. Die DSTF bietet nationalen und internationalen Behörden Fachwissen und Beratung zum Störschutz und arbeitet mit allen relevanten Akteuren zusammen, um die Bemühungen und Maßnahmen zum wirksamen Schutz aller Donau-Störpopulationen sektorübergreifend und zwischen verschiedenen Regierungsebenen zu fördern, zu erleichtern und länderübergreifend zu koordinieren. All diese Maßnahmen sind jedoch der Hartnäckigkeit einer Handvoll von Wissenschaftlern (vor allem Dr. Radu Suciu und seinem Team am Danube Delta National Institute for Research and Development in Tulcea) zu verdanken, die über zwei Jahrzehnte für ein Fangverbot und eine Wiedereinführung der Störe schließlich mit Erfolg gegen den Widerstand der EU und der Regierung ihrer Länder fochten.

Mit einem speziellen Zucht- und Auswilderungsprojekt will man den noch verbliebenen Restbestand des Europäischen Hausen im Donaudelta stützen und mehren. Störe, insbesondere der Hausen, sind im gesamten Schwarzmeer- und Donaubecken aufgrund exzessiver Fischerei in der Vergangenheit, Wilderei, Verschmutzung und Zerstörung ihrer überlebenswichtigen Lebensräume vom Aussterben bedroht. Die Weltnaturschutzunion hat daher 2010 alle Donau-Störarten in die höchste Bedrohungskategorie „vom Aussterben bedroht“ eingestuft, mit Ausnahme einer Art, dem Sterlet, die lediglich als gefährdet gilt. Die Störpopulationen in der Donau und im Schwarzen Meer sind – zumindest auf dem Papier – durch eine Reihe internationaler Instrumente und Institutionen geschützt. Dazu gehören das CITES (Übereinkommen über den internationalen Handel mit gefährdeten Arten freilebender Tiere und Pflanzen), die EU-Habitatrichtlinie, die Internationale Kommission zum Schutz der Donau (IKSD), die EU-Donaustrategie (EUSDR) sowie der Paneuropäische Aktionsplan zum Schutz der Störe (PANEUAP) der Berner Konvention. Neben dem Fischereiverbot hängt das Überleben der Störpopulationen von verschiedenen Maßnahmen ab, darunter Lebensraumschutz, Wiederherstellung der Wanderrouten, Verringerung der Umweltverschmutzung sowie kontrollierte Vermehrung zur Steigerung der Populationen (Friedrich et al. 2014).

# Frühling der Amphibien

Das Donaudelta ist mit seinen zahlreichen Seen und Wasserarmen, den gigantischen Schilfflächen und ausgedehnten Teppichen aus See- und Teichrosen sowie weiterer Schwimmpflanzen ein idealer Lebensraum für Schwanz- und Froschlurche.

Am häufigsten unter den Froschlurchen sind die Vertreter der Gattung der Wasserfrösche (Pelophylax). Sie sind im Donaudelta weitverbreitet. Neben dem Kleinen Wasserfrosch (*Pelophylax lessonae*) und dem Teichfrosch (*Pelophylax* kl. *esculentus*) ist der Seefrosch (*Pelophylax ridibundus*) mit Abstand der größte unter ihnen. Er erreicht eine Kopf-Rumpf-Länge von bis zu 16 Zentimeter.

In der Paarungszeit im Mai und Anfang Juni hört man gerade an sonnigen warmen Tagen die ausgiebigen Paarungsrufe vom späten Vormittag bis tief in die Nacht hinein. Das Froschkonzert der balztollen Kleinen Wasserfrösche findet vielerorts auf den See- und Teichrosenblättern statt. Es ist weithin hörbar und ein ganz besonderes Spektakel. Die Kleinen Wasserfrösche besetzen kleinere Reviere, die durch spezielle Revierrufe, Anschwimmen der Rivalen, Verfolgungsjagden und wilde „Ringkämpfe“ behauptet werden. Auffällig sind dabei ihre seitlichen

▸ Balztolle Seefrosch-Männchen (*Pelophylax ridibundus*) auf Seerosenblättern.

weißlichen Schallblasen, die sich unter den Mundwinkeln befinden und zum Erzeugen verschiedener Rufe ausgestülpt werden. Die Lautäußerungen des Kleinen Wasserfrosches sind schnarrend und lang gezogen, während die Paarungsrufe des Seefrosches eher wie ein „Meckern" klingen. In einer Saison legen die Weibchen des Kleinen Wasserfrosches bis zu 4 500 Eier ab, während Seefrösche bis zu 12 000 Eier in kleinen Klumpen an Wasserpflanzen ablaichen können. Die hohe Reproduktionsrate begründet die Bedeutung der Wasserfrösche in der Nahrungskette. Insbesondere die Larven des Seefrosches können eine Länge bis zu 7 Zentimeter erreichen. Sie sind im Spätsommer eine proteinreiche Nahrung für viele Vögel, beispielsweise junge Weißbart-Seeschwalben (*Chlidonias hybrida*; siehe S. 92/93) oder Rallenreiher (*Ardeola ralloides*) vor dem Herbstzug nach Süden. Zudem sind verschiedene Fischarten, die Ringelnatter und eine Reihe von Säugetieren natürliche Fressfeinde der ausgewachsenen Frösche.

Bereits in den ersten wärmeren und windstillen Nächten im Frühling werden die Schilfflächen und Gewässerränder des Donaudeltas und der südlichen Lagunen vom weithin hörbaren nächtlichen Rufkonzert der Laubfrösche dominiert. Der Östliche Laubfrosch (*Hyla orientalis*) wird erst seit wenigen Jahren als eigene Art geführt. Er grenzt sich rein genetisch vom Europäischen Laubfrosch (*Hyla arborea*) ab und kommt in Nordost- bis Südostrumänien vor. Äußerlich und bezüglich seiner Lebensweise gleichen sich die beiden Arten. Im Sommer halten sich die Tiere mit Vorliebe im Gebüsch und auf Bäumen auf und sitzen oft auf großen Blättern. Mit seinen Haftscheiben an den Finger- und Zehenspitzen kann der etwa 4–5 Zentimeter große grasgrüne Frosch geschickt auch an senkrechten Strukturen emporklettern.

Aus der Gattung der Schaufelfußkröten (Pelobates) gibt es in der Landschaft zwischen der Donauniederung und dem Schwarzen Meer zwei Arten, die Knoblauchkröte (*Pelobates fuscus*) und die Balkan-Schaufelkröte (*Pelobates balcanicus*; siehe S. 56/57). Die Verbreitungsgebiete beider Arten überlappen sich in der Dobrudscha. Nach jüngsten molekularbiologischen Untersuchungen werden in dem

▲ Balkan-Schaufelkröte (*Pelobates balcanicus*).

◂ Östlicher Laubfrosch (*Hyla orientalis*).

### Balkan-Schaufelkröte

Die drollig wirkende Balkan-Schaufelkröte (*Pelobates balcanicus*) ist ein mittelgroßer Froschlurch mit einem gedrungen und plump wirkenden Körperbau. Charakteristisch sind ihre kugelrunden, großen Augen, die wie überproportional wirkende Kugeln auf dem Kopf aufsitzen und deren Pupillen senkrecht geschlitzt sind. Sie verraten uns, dass es ein Nachtbewohner ist, der den Tag unter der Erde verbringt. Dazu gräbt er sich mit seinen kräftigen Grabschaufeln an den Fersen, den Fersenhöckern, in die lockere Erde ein. Wir treffen diesen eigenartigen Krötenfrosch dann auch vorzugsweise nach Sonnenuntergang in steppenartigen Gebieten am Rande größerer Seen sowie in den Überschwemmungsgebieten der Salzwiesen und Lagunen an.

In der Dobrudscha überlappt sich das Verbreitungsgebiet der Balkan-Schaufelkröte mit dem der sehr ähnlichen Knoblauchkröte (*Pelobates fuscus*). Hier fällt es oft schwer, beide Arten sicher voneinander abzugrenzen. Ein gutes Unterscheidungsmerkmal bei der Bestimmung ist die helmartige Aufhebung in der Kopfmitte der Knoblauchkröte, die bei der Balkan-Schaufelkröte fehlt. Außerdem sind bei der Balkan-Schaufelkröte die Schwimmhäute zwischen den Zehen tiefer eingebuchtet und die Tiere haben vorwiegend isolierte und grünliche Flecken auf der Oberseite, während die Knoblauchkröte eher Flecken aufweist, die zu Längsbändern verschmelzen.

Die Fortpflanzung beginnt im zeitigen Frühling. Mit einsetzenden Niederschlägen treffen die ersten Tiere meist schon im März an ihren Laichbiotopen ein. Es sind vegetationsarme, oft temporäre Wasserflächen mit niedrigem Wasserstand, die man auf den maritimen Sanddünen im Donaudelta oder den ausgedehnten küstennahen Salzwiesen am Razim-Sinoie-Lagunenkomplex findet.

bisherigen, der Syrischen Schaufelkröte (*Pelobates syriacus*) zugeordneten ausgedehnten Verbreitungsgebiet von der Balkanhalbinsel bis nach Vorderasien mehrere eigenständige Arten unterschieden. Die Art auf der Balkanhalbinsel zählte bisher als Unterart und wird seit 2019 als Balkan-Schaufelkröte ausgewiesen.

Im Donaudelta und in der Dobrudscha gibt es zwei Arten, die zu den echten Kröten der Gattung Bufo gehören. Das sind die Erdkröte und die Wechselkröte. Die Erdkröten (*Bufo bufo*) findet man vergleichsweise selten, sie sind in der Laichzeit an größere und tiefere Gewässer gebunden. Sie kommen mit den natürlichen Wasserstandsschwankungen und auch mit hohen Fischpopulationen recht gut zurecht. Ihre Sommerlebensräume sind Mischwälder, sie sind aber auch in der Agrarlandschaft und in Gärten anzutreffen. Meist liegen die Landhabitate und die Laichgewässer eng beisammen, sodass nur kurze Distanzen auf den Wanderungen zurückzulegen sind.

Die vorwiegend nachtaktive Wechselkröte (*Bufo viridis*) bewohnt trockenwarmes, steppenartiges Gelände, vegetationsarmes Ödland und offene Graslandschaften. Diese lebhaft gezeichnete Kröte kommt im gesamten Donautal bis zum Donaudelta und entlang der Schwarzmeerküste vor, wo man sie oft auch weitab von Gewässern antreffen kann. Im Donaudelta hört man zur Fortpflanzungszeit im April ihre markanten, lang gezogenen, melodisch trillernden Rufe, beispielsweise in den Flachgewässern der maritimen Sanddünen bei Letea oder Caraorman. In den temporär mit Wasser gefüllten Senken der Salzwiesen und Sanddünen im Randbereich der südlichen, sich an das Donaudelta anschließenden Lagunen kann man die Wechselkröte nachts vorsichtig mit der Taschenlampe suchen und rufende Männchen mit ihrer kehlständigen Schallblase beobachten. Bei der Suche wird man sich von den weit hörbaren Rufen leiten lassen.

Die Rotbauchunke (*Bombina bombina*) ist ein typischer Tieflandbewohner und wird an größeren, langsam fließenden, vegetationsreichen Gewässern sowie Überschwemmungswiesen gefunden. Das Donaudelta bietet der an der Bauchseite orange bis tiefrot gefleckten Unke optimale Lebensbedingungen. Gerade in der üppigen Unterwasservegetation und den angrenzenden Schilfbeständen findet sie gute Versteck- und Eiablagemöglichkeiten. Als sehr wanderfreudige Pionierart nutzt sie häufig Kanäle als Verbreitungsweg. Größere Streifzüge werden nach ausgiebigem Regen oder nach Überschwemmungen beobachtet.

Der bis vor Kurzem noch als Unterart des Kammmolches (*Triturus cristatus*) angesehene Donau-Kammmolch (*Triturus dobrogicus*; siehe S. 60/61) genießt seit einigen Jahren Artstatus. Er bewohnt vorzugsweise langsam fließende Nebenarme des Donaudeltas mit reicher Unterwasservegetation oder Teiche, wasserführende Gräben und andere versumpfte Bereiche der übrigen Dobrudscha. Eine weitere Molchart ist der weitverbreitete Teichmolch (*Triturus vulgaris*). Er kommt meist in stehenden oder sehr langsam fließenden Bereichen sowie Teichen oder auch kleinsten Tümpeln vor, die er zum Ablaichen nutzt.

◂ Die Balz der Wechselkröten (*Bufo viridis*) findet überwiegend nachts statt. Der mit einer kehlständigen Schallblase erzeugte Paarungsruf der Männchen ist ein anhaltendes Trillern. Ende Mai/Anfang Juni können zahllose junge Wechselkröten (unten) in der Ufervegetation beobachtet werden. Während der Metamorphose wird bereits ein grünes Fleckenmuster am Rücken und an den Extremitäten sichtbar.

## Donau-Kammmolch

In reich verkrauteten Flussarmen mit sehr geringer Fließgeschwindigkeit trifft man auf den grazil wirkenden, schmalköpfigen Donau-Kammmolch (*Triturus dobrogicus*). Mit 12–13 Zentimetern ist er die kleinste unter den europäischen Kammmolch-Arten, und auch seine Gliedmaßen sind relativ kurz. Auf seiner bräunlichen, grauen bis dunkelgrauen Oberseite sind dunkle Punkte deutlich sichtbar. Auf der auffällig orangerötlichen Bauchseite zeichnen sich dunkle Flecken ab, die zu Längsbändern verschmelzen können. Das Männchen zeigt in Wassertracht einen hohen, tief gezackten Rückenkamm, der über der Schwanzwurzel nicht vollständig vom Schwanzflossensaum getrennt ist. Das Verbreitungsgebiet des Donau-Kammmolches ist verhältnismäßig klein und teilt sich in zwei Schwerpunktareale im Donautiefland und in den angrenzenden Gebieten. Das westliche Teilareal (Niederösterreich, Ungarn, Nordkroatien und westliches Rumänien) wird durch eine Verbreitungslücke am Durchbruch der Donau durch das Banater-Gebirge vom östlichen Teilgebiet in der Donauniederung und dem Donaudelta sowie Teilen der Ukraine und Moldau getrennt.
Während seiner Balz schwimmt das Männchen vor die Partnerin und lehnt seinen Körper bogenförmig gegen den Kopf des Weibchens. Es macht einen mehr oder weniger kräftigen Katzenbuckel und bewegt dabei den Schwanz wellenförmig. Während der Katzenbuckelstellung kann es im Handstand nahezu kopfüber vor dem Weibchen stehen. Nimmt das Weibchen das Werben an, setzt das Männchen eine Spermatophore (Samenpaket) auf dem Untergrund ab und bewegt sich im Gewässer so weit fort, bis sich die Kloake des Weibchens über der Spermatophore befindet und sie aufnehmen kann. Das Weibchen legt die befruchteten Eier in Wasserpflanzenblättchen ab, die mit den Hinterbeinen eingefaltet werden.

# Reptilien in gegensätzlichen Lebensräumen

In den amphibischen Lebensräumen des Donaudeltas gibt es zwei Arten der Wassernattern (Natricinae), die Würfelnatter und die Ringelnatter. Meist sieht man beide Arten schwimmend in allen Gewässern. Die Ringelnatter (*Natrix natrix*) fällt durch ihre gelben halbmondförmigen Flecken am Hinterkopf auf. Sie ist überall noch häufig anzutreffen, auch außerhalb des Deltas. Von den Einheimischen wird sie auch „Hausschlange" genannt.

Keine andere Schlange im Donaudelta ist stärker an das Wasser gebunden als die Würfelnatter (*Natrix tessellata*). Sie schwimmt und taucht hervorragend und kann bis zu 20 Minuten unter Wasser bleiben. Würfelnattern ernähren sich fast ausschließlich von Fischen und Amphibien. Sie tauchen etliche Meter tief nach Nahrung oder verweilen auf dem Gewässergrund, um auf vorbeischwimmende Beutetiere zu lauern. Große, wehrhafte Fische transportiert sie ans Ufer. Diese werden geschickt herumgedreht und mit dem Kopf voran verschlungen. So verhindert die Schlange das Verhaken von Schuppen und Flossenstrahlen und minimiert die eigene Verletzungsgefahr. Die Beobachtung der Würfelnatter ist relativ einfach. An mehreren sonnenexponierten Uferbereichen des Razim-Sinoie-Lagunenkomplexes kann man Wassernattern vorüberschwimmend oder mit Beute an Land beobachten. Manchmal findet man die sehr gut kletternde, ungiftige Schlange beim Sonnenbad auf Zweigen, die über das Wasser ragen.

Ein weiteres, direkt im Wasser lebendes Reptil ist die Europäische Sumpfschildkröte (*Emys orbicularis*; siehe S. 64/65), die im Donaudelta und in den südlichen Brackwasserlagunen weitverbreitet ist. Man findet sie vor allem in langsam fließenden Altarmen, Teichen und in flachen Randbereichen von Seen. Europäische Sumpfschildkröten erreichen ein Alter von bis zu 70 Jahren und werden nach 5–10 Jahren geschlechtsreif. In der kalten Jahreszeit legen sie eine Winterruhe ein, die an milden Tagen durchaus auch unterbrochen werden kann. Im Frühjahr suchen die Männchen nach geeigneten, vor allem großen Weibchen. Die Paarung findet überwiegend unter Wasser statt und dauert 10–60 Minuten. Im Donaudelta beginnt die Eiablage Ende Mai und erstreckt sich bis Anfang Juli. Wenn möglich, wandern die Weibchen dabei jedes Jahr wieder zu denselben Ablageplätzen, die in der Regel nicht weiter als 500 Meter von ihren jeweiligen Gewässern entfernt liegen. Für die Eiablage werden besonnte, trockene und sandige, möglichst störungsarme Stellen ausgesucht, die vorzugsweise nach Süden orientiert sind und nur eine lockere Vegetation aufweisen sollten. Um den in der niederschlagsarmen, westlichen Schwarzmeerregion oft bereits im späten Frühjahr trocken-harten Boden aufzuweichen, scheidet das Weibchen an der gewählten Ablagestelle in ihrem

▸ Am Hinterkopf trägt die Ringelnatter (*Natrix natrix*) beiderseits einen gelben oder weißen Halbmondfleck, der nach hinten durch schwarze Schuppen begrenzt wird.

## In der Brutkammer der Europäischen Sumpfschildkröte

Die Eier der Europäischen Sumpfschildkröte (*Emys orbicularis*) sind länglich-oval, hartschalig und weiß. Von den während der Brutzeit vorherrschenden Temperaturen hängt ab, ob sich in den Eiern männliche oder überwiegend weibliche Schildkröten entwickeln. Bei vielen Schildkrötenarten erzeugt eine erhöhte Bruttemperatur in der Gelegegrube oft mehr Weibchen, bei entsprechend niedrigeren Temperaturen mehr Männchen. Die Inkubationsdauer hängt von den klimatischen Bedingungen am Legeplatz ab und kann zwischen 80 und 120 Tagen liegen.
Während des mehrstündigen Schlupfvorgangs brechen die Jungtiere erst mithilfe des Eizahns an ihrer Schnauze die Eischale auf, strecken darauf langsam Nase und Vorderbeine heraus, um sich dann allmählich mithilfe der Vorderbeine aus der übrigen Eihülle zu schieben. Die frisch geschlüpften Schildkröten sind nicht größer als eine 2-Euro-Münze und wiegen gerade einmal 4–6 Gramm.
Eingeschlossen in den im Donaudelta und der Dobrudscha im Sommer regelmäßig ausgetrockneten, bis in den Herbst hinein undurchdringlich harten Boden, verharren die jungen Sumpfschildkröten meist den gesamten Winter über in ihrer geschützten Bruthöhle. Ihre Dottersackreserven reichen bis zum temperaturbedingten Eintritt in die Ruhephase. Im Frühjahr erfolgt dann durch die lokale Erwärmung der exponierten Eiablageplätze und Veränderung des Luftruckes das Erwachen und Ausgraben aus der Bruthöhle. Lediglich in Jahren, in denen es im Spätsommer und zu Herbstbeginn ausgiebig regnet und der Boden aufweicht, kann man schon zu dieser Jahreszeit einige der frisch geschlüpften Jungtiere auf der Wanderung zu ihrem Gewässer entdecken. Üblicherweise graben sie sich jedoch erst im darauffolgenden Frühjahr beim ersten milden Regen ihren Weg ins Freie und eilen, vom Instinkt geleitet, auf direktem, von mancherlei Beschwernissen und Gefahren gesäumten Weg zum Wasser.

Junge Sumpfschildkröten
auf dem Weg zum Wasser

Verdauungstrakt gespeichertes Wasser aus. Anschließend gräbt es mit den Hinterfüßen ein etwa 10 Zentimeter tiefes Loch, in das sie zwischen vier und 20 weiße, länglich-ovale Eier mit ledrig-weicher Schale hineinlegt. Anschließend wird die Gelegegrube sorgfältig verschlossen und die Erde mit dem Bauchpanzer festgedrückt.

Eine Besonderheit unter den Reptilien des Biosphärenreservates ist der Steppenrenner (*Eremias arguta*; siehe S. 44/45). Er ist sehr selten und kommt fast ausschließlich auf den großen maritimen Sanddünen von Letea und Caraorman sowie direkt am Schwarzen Meer vor. Er erreicht im Donaudelta seine westliche Verbreitungsgrenze. Sein Bestand ist derzeit unklar, da in den vergangenen Jahren nur sporadisch Beobachtungen gemeldet wurden. Bei Gefahr flüchtet er blitzartig und kann in wenigen Sekunden bis zu 70 Meter zurücklegen, was ihm auch seinen deutschen Namen einbrachte.

Die Wiesenotter (*Vipera ursinii moldavica*; siehe S. 68/69) ist eine der am stärksten bedrohten Schlangenarten Europas. Sie ist die kleinste europäische Vipernart mit einer durchschnittlichen Gesamtlänge von 40–45 Zentimetern. Nur selten erreicht sie mehr als 50 Zentimeter. Die wenigen Fundorte im Donaudelta befinden sich auf Feuchtwiesen am Rand von maritimen Sanddünen. Früher kam die Wiesenotter auch im Nordosten Bulgariens vor, heute gilt sie dort jedoch als ausgestorben.

▲ Europäische Sumpfschildkröten (*Emys orbicularis*) kommen im Donaudelta erfreulicherweise noch regelmäßig vor.

◂ Würfelnattern (*Natrix tessellata*) tauchen nach Nahrung oder verweilen auf dem Gewässergrund, um auf vorbeischwimmende Beutetiere zu lauern. Große, wehrhafte Fische transportiert sie ans Ufer. Diese werden geschickt herumgedreht und mit dem Kopf voran verschlungen. So verhindert die Schlange das Verhaken von Schuppen und Flossenstrahlen und minimiert die eigene Verletzungsgefahr.

## Die Wiesenotter – eine extrem bedrohte europäische Viper

Aktuell werden fünf Unterarten der Wiesenotter unterschieden, die sich in mehrere isolierte Populationen Süd- und Mitteleuropas zersplittern. Keine andere europäische Viper hat ein derart fragmentiertes Verbreitungsareal. Morphologisch weisen alle Unterarten das typische vipernartige Aussehen mit einem zickzackförmigen Rückenstreifen bei hellgrauer oder brauner Grundfarbe auf. Sie sind auf zwei völlig unterschiedliche Lebensraumtypen beschränkt. Drei Unterarten kommen auf alpinen und subalpinen Wiesen in Höhenlagen zwischen 900 und 3 000 Meter vor, während die *Vipera ursinii moldavica* im Tiefland Südostrumäniens und Moldawiens lebt. Lediglich *Vipera ursini rakosiensis* ist lokal in tieferen Lagen Ungarns und Zentralrumäniens beheimatet, diese kleinen Populationen gelten aktuell jedoch als ausgestorben.
Einst wurde die kleine, insektenfressende Viper im Donaudelta für die sehr ähnliche Steppenotter (*Vipera renardi*) gehalten. Nach den Revisionen unter anderem von schwedischen Herpetologen (G. Nilson und C. Anden) wird sie als anerkannte Unterart der Wiesenotter geführt. Die schwach giftige Schlange verbringt den Sommer meist auf Feuchtwiesen und zieht sich zum Überwintern in angrenzende trockene Sandwiesen zurück. Alle zwei Jahre gebären Weibchen zwischen 2 und 18 Jungtiere.
Wiesenottern sind einer Vielzahl von Bedrohungen ausgesetzt. Frühere Bestandsrückgänge sind hauptsächlich auf die direkte Zerstörung und Fragmentierung ihres Lebensraums zurückzuführen. Intensiv-landwirtschaftliche Nutzung der vormals extensiv bewirtschafteten Feuchtwiesen hatten große Bestandsverluste zur Folge. Auch illegale Entnahme und offene Verfolgung, die Austrocknung der Sommerlebensräume durch den zunehmend sinkenden Grundwasserspiegel sowie wachsender Prädatorendruck (Wildschweine und eingeführte Fasane) haben aktuell einen negativen Einfluss auf die letzten Bestände.

# Die Vogelwelt im Biosphärenreservat

Das Donaudelta ist ein Labyrinth aus kleinen und größeren Kanälen, Seen, Auwäldern und Dünen und zugleich das größte zusammenhängende Schilfgebiet Europas. Das Delta ist eng an die Steppenlebensräume der Dobrudscha angeschlossen. Oft grenzen die Sumpflebensräume direkt an die trockenen Steppen der Dobrudscha an. Hier findet sich eine einzigartige Avifauna. Aus diesem Grund ist es vor allem unter Ornithologen ein beliebtes Reiseziel. Schon seit Mitte des 20. Jahrhunderts gibt es systematische Vogelerfassungen und der Kenntnisstand zur Avifauna im Donaudelta ist recht gut. Mit über 360 nachgewiesenen Vogelarten, davon 174 als Brutvögel, ist das Gebiet auch heute noch ein wahres Vogelparadies. Das soll aber nicht darüber hinwegtäuschen, dass es in den letzten 150 Jahren eine ganze Reihe von negativen Eingriffen in dieses „Paradies" gab und noch heute gibt.

## Pelikane – Wappenvögel des Biosphärenreservates

Seit der Antike ist der Pelikan ein Legendenvogel. Eine davon besagt, dass sich die Eltern bei Nahrungsmangel die Brust aufhacken, um ihre Jungen von ihrem Blut trinken zu lassen. Eine weitere erzählt, dass er armen Wüstenbewohnern in seinem Kehlsack Wasser brachte und sich nach 55 Lebensjahren in einen Menschen verwandeln würde.

Für viele Naturbegeisterte verbindet sich das Donaudelta eng mit den Pelikanen. Es ist ein ganz besonderes Erlebnis, diese großen Vögel zu sehen. Im Delta leben zwei Arten, der häufigere Rosapelikan (*Pelecanus onocrotalus*) und der wesentlich seltenere Krauskopfpelikan (*Pelecanus crispus*). Von ersterem lebt über die Hälfte des europäischen Bestands im Donaudelta. In historischer Zeit waren die Pelikane unvorstellbar häufig im Donaudelta und auf den Baltas, den zwei großen Donauinseln im Flusslauf nach Norden vor dem Donaudelta. Noch um die Mitte des 19. Jahrhunderts sollen es mehrere Millionen Pelikane gewesen sein. Als Konkurrenten der Fischer wurden sie erbarmungslos verfolgt, ihre Kolonien wurden zerstört, und innerhalb weniger Jahrzehnte schrumpften die Bestände sehr stark zusammen. Deshalb stehen die Pelikane des Deltas bereits seit 1914 unter Schutz. Nach Zählungen von 2016, die unter anderem mit Drohnen durchgeführt wurden, ermittelte man für die Rosapelikane einen Bestand von 16 000–19 000 Brutpaaren (Kiss et al. 2019). Diese Zahlen zeigen, dass man die Bestände der Rosapelikane im Delta viele Jahre unterschätzt hatte. Man ging immer von etwa 5 000 Paaren aus. Ein erfreuliches Ergebnis der Schutzbemühungen im Biosphärenreservat! Der wesentlich seltenere Krauskopfpelikan kommt noch mit etwa 350 Brutpaaren im Delta vor. Besonders auffällig bei beiden Arten ist der große Kehlsack, der in der Paarungszeit bei den Altvögeln der Rosapelikane gelb und bei den Krauskopfpelikanen orange

▸ Rosapelikane (*Pelecanus onocrotalus*) sind große, schwerfällig wirkende Vögel, die ein Gewicht von 9–11 Kilogramm erreichen. Ihre langen und breiten Flügel sind für den Segelflug bestens geeignet.

Rosapelikan

gefärbt ist und dem Transport der Nahrung zu den Jungen dient. Die Fischgründe der Pelikane liegen oft bis zu 10 Kilometer und mehr von den Brutkolonien entfernt. Trotz ihrer beachtlichen Größe (Flügelspannweite etwa 1,80 Meter, Körperlänge etwa 1 Meter) und eines Gewichts von 9–11 Kilogramm sind die Pelikane exzellente Flieger.

Vor allem im Spätsommer und Herbst sieht man sie in Gruppen von mehreren Hundert Vögeln zusammen beim Fischen. Dabei haben sie eine ganz besondere Jagdtechnik entwickelt. Die Gruppe schwimmt beisammen und die vordersten Vögel teilen sich nach links und rechts wie eine Zange auf. So treiben sie die Fische vor sich her, umkreisen den Fischschwarm und wie auf Befehl tauchen die Vögel ganz synchron ihre Köpfe unter Wasser, wobei sie ihren Kehlsack wie einen Kescher nutzen. Der Kehlsack eines Pelikans kann 7–9 Liter Wasser aufnehmen. Dieses läuft dann an den Schnabelseiten des fast geschlossenen Schnabels wieder heraus, und die Beute bleibt im Kehlsack zurück. Gleichzeitig dient der Kehlsack in der Brutzeit auch als Transportbehälter, um das Futter zu den Jungvögeln in den Kolonien zu bringen. Nutznießer dieser Jagdtechnik sind Kormorane und Lachmöwen, die eine jagende Pelikangesellschaft stets begleiten, um sich ihren Anteil zu holen.

Wir durften mit Sondergenehmigungen des Biosphärenreservats mehrfach eine Kolonie der Krauskopfpelikane besuchen. Dabei entstanden einzigartige Foto- und Filmaufnahmen, die zeigen, wie behutsam die Altvögel mit ihren riesigen, klobigen Schnäbeln die winzigen frisch geschlüpften Jungvögel mit Futter versorgen oder welch große Fische ein noch relativ kleiner Jungvogel in Gänze herunterschlucken kann. Die Pelikane zeigen eine perfekte ökologische und auch morphologische Anpassung an ihre aquatischen Lebensräume.

Die Kolonien befinden sich in ruhigen und entlegenen Bereichen des Deltas. Hier errichten die Vögel ihre Nester im Flachwasser im Anschluss an Schilfbestände. Sie bestehen aus Haufen von zusammengetragenem Altschilf. Beide Pelikanarten legen in der Regel 1–2 Eier. Nach eine Bebrütungszeit von 35–40 Tagen schlüpfen die Jungen, die eine Nestlingszeit von etwa 40 Tagen haben.

Dicht an dicht gedrängt sitzen Alt- und später Jungvögel in den Kolonien nebeneinander. Die Jungvögel der Rosapelikane sind bis ins zweite Kalenderjahr deutlich an ihrer dunkelbraunen Färbung zu erkennen, während die Jungvögel der Krauskopfpelikane wesentlich heller gefärbt sind. Sie weisen eine bräunlich graue Oberseite auf, während die Färbung der Altvögel weißlich-grau ist.

Namensgebend für die Rosapelikane ist ihr rosenquarzfarbener Anflug auf der Brust der Altvögel, der vor allem bei sonnigem Wetter gut zu erkennen ist. Krauskopfpelikane sind noch etwas größer als die Rosapelikane und haben aufgrund der krausen Nackenfedern einen struppig wirkenden Kopf.

Die Gefährdung heutzutage besteht vor allem in Störungen der Kolonien, der Nahrungskonkurrenz des Menschen (Überfischung) und motorisierten Ausflugsbooten, die oft mit hoher Geschwindigkeit mitten in die fischenden Pelikane hineingesteuert werden, um den Ausflüglern das Schauspiel in großer Zahl auffliegender Vögel zu bieten. Auch illegale Verfolgung soll es lokal noch geben, spielt aber wohl eher eine untergeordnete Rolle. Virusinfektionen wie die Vogelgrippe verursachten in den letzten Jahren vor allem unter den Krauskopfpelikanen Verluste. 2015 registrierte man in einer Kolonie mindestens 120 tote Altvögel, die laut veterinärmedizinischer Untersuchungen an der Vogelgrippe starben (Kiss et al. 2016). Aus diesem

▲ Eine der Brutkolonien der deutlich selteneren Krauskopfpelikane (*Pelecanus crispus*) befindet sich im Razim-Sinoie-Lagunenkomplex. Auf großen Altschilfhaufen sitzen sie eng beieinander und versorgen ihre Jungen.

Krauskopfpelikan

Rosapelikane (*Pelecanus onocrotalus*) sammeln sich zur gemeinsamen Fischjagd. Sie fischen fast immer in Gruppen. Zuerst schwimmen sie in einer Zangenformation eine Zeit lang im seichten Wasser und treiben damit die Fische vor sich her. Danach schließen sie die „Zange" und tauchen synchron die Köpfe ins Wasser, um die Fische mit dem Schnabel, der als Kescher fungiert, aufzunehmen.

Grund sank die Zahl der Brutpaare des Krauskopfpelikans im Delta von über 500 auf 300–350 Brutpaare ab. Für den Schutz der Pelikane sowie vieler anderer Vogelarten wären unbedingt Schutzzonen, wie es sie übrigens in den 1990er-Jahren schon gab, nötig. Dafür müssten wieder Kanäle und Seen für den regulären Bootsverkehr und die Sportfischerei gesperrt werden, und die Einhaltung dieser Verbote müsste auch konsequent durch Ranger des Biosphärenreservats kontrolliert werden. Leider hat man, nachdem zuvor schon die vor dem EU-Beitritt bestehende Obergrenze für die Stärke der Bootsmotoren aufgehoben wurde, zugunsten des Tourismus und der Sportfischerei diese Verbotszonen um 2015 aufgelöst.

## Die Gilde der Schilfvögel

Schilf ist ein undurchdringlicher Lebensraum mit heimlichen Bewohnern, die man meist nur hört und selten sieht. Die Schilfvögel spielen in den weiten Schilfflächen des Donaudeltas eine besondere Rolle. Dazu gehören alle neun in Europa vorkommenden Reiherarten – Graureiher (*Ardea cinerea*), Pupurreiher (*Ardea purpurea*), Silberreiher (*Ardea alba*), Seidenreiher (*Egretta garzetta*), Kuhreiher (*Bubulcus ibis*), Rallenreiher (*Ardeola ralloides*), Nachtreiher (*Nycticorax nycticorax*; siehe S. 78/79) sowie Rohrdommel (*Botaurus stellaris*) und Zwergdommel (*Ixobrychus minutus*). Nicht zu den Reihern gehörend, aber auch regelmäßig im Delta anzutreffen, sind Löffler (*Platalea leucorodia*; siehe S. 82/83) und Brauner Sichler (*Plegadis falcinellus*; siehe S. 88/89). Beide Arten sind die einzigen Vertreter ihrer Familie in Europa. Unter den Kleinvögeln sind es vier Rohrsänger-, zwei Schwirlarten und der Seidensänger (*Cettia cetti*) sowie Bartmeise (*Panurus biarmicus*; siehe S. 102/103) und Beutelmeise (*Remiz pendulinus*), die regelmäßig im Schilf anzutreffen sind.

Alle Schilfbewohner sind hervorragend an diesen Lebensraum angepasst. Mit besonders dafür geeigneten Füßen, mit langen Zehen, sind sie in der Lage, an den senkrechten Schilfhalmen geschickt umher zu klettern. Auch die Gefiederfärbung weist oft eine braungelbe Längsstreifung auf, die eine perfekte Tarnung im Schilf darstellt. So nehmen Rohrdommeln bei Gefahr die sogenannte Pfahlstellung ein und gleichen sich damit den senkrecht stehenden Schilfhalmen perfekt an. Dabei vertrauen sie voll auf ihre Tarnung – ein idealer Schutz vor Feinden. Die oben genannten Kleinvogelarten sind alle bräunlich gefärbt und damit bestens an den Lebensraum Schilf angepasst.

Die Rohrsänger flechten ihre Hängenester zwischen drei Schilfhalme über der Wasserfläche, was sie besonders vor Feinden schützt. Aufgrund der Häufigkeit der Rohrsänger in den Schilfwäldern des Donaudeltas ist auch der Kuckuck (*Cuculus canorus*), der hauptsächlich die Rohrsänger als Wirte nutzt, hier ein sehr häufig anzutreffender Vogel. Als Brutparasiten haben sie eine perfekte Anpassung an diese Strategie entwickelt. Ihre Eier sind in Größe und Form denen der Wirte sehr ähnlich. Das ist nötig, damit der „Betrug“ klappt. Außerdem finden wir beim Kuckuck zwei Färbungsvarianten, die braune und die graue. Diese lässt sie

◂ Krauskopfpelikan (*Pelecanus crispus*; oben) in der Brutkolonie mit frisch geschlüpftem Jungvogel. Behutsam leitet er den Jungen mit seinem Schnabel in eine bequeme Position. Daneben ist das zweite Ei bereits aufgebrochen.
Die Jungvögel der Rosapelikane (*Pelecanus onocrotalus*; unten) unterscheiden sich deutlich von den Altvögeln durch ihr braunes Gefieder, dass sie erst gänzlich im dritten Lebensjahr ablegen. Die Altvögel hingegen sind leuchtend weiß mit einem rosafarbenen Anflug.

## Nachtreiher

Der Nachtreiher (*Nycticorax nycticorax*) dürfte die wohl auffälligste unter den Reiherarten des Donaudeltas sein. Er hat eine Größe von 60 Zentimetern und wie alle Reiher lange Beine und einen langen Schnabel.
Adulte Nachtreiher haben eine anthrazitfarbige Oberseite und eine weiße Unterseite, was einen schönen Kontrast ergibt. Besonders auffällig sind ihr relativ großes rotes Auge und die bis zur Hälfte des Rückens reichenden langen Schmuckfedern des Kopfes (siehe S. 84). Die Jungvögel unterscheiden sich deutlich von den Altvögeln. Sie sind ähnlich wie Rohrdommeln hell-dunkel braun längs gestreift und damit perfekt an das Leben im Schilf angepasst. Sie sind vorwiegend dämmerungs- und nachtaktiv.
Nachtreiher brüten im Donaudelta oft in gemischten Kolonien mit anderen Reihern. Ihre Nester sind aber auch zwischen Zwergscharben (*Microcarbo pygmeus*), Kormoranen (*Phalacrocorax carbo*) und Löfflern (*Platalea leucorodia*) auf Bäumen oder im Ufergesträuch zu finden. Sie brüten in den Verlandungszonen von Seen und entlang der Kanäle. Mit etwa 2 000 Brutpaaren sind Nachtreiher neben Rallen- (*Ardeola ralloides*) und Seidenreiher (*Egretta garzetta*) die häufigsten Reiher im Biosphärenreservat. In der Regel legen sie 3–5 bläulich-grün gefärbte Eier, und die Jungvögel verlassen im Alter von etwa 25–30 Tagen das Nest, werden aber erst mit 40–50 Tagen flügge.
Nachtreiher haben sehr lange Zehen, die sie befähigen, auf den Teppichen der Schwimmblattvegetation problemlos zu laufen und sich gut an Schilfhalmen festhalten zu können. Bei der Nahrungssuche verharren sie oft minutenlang regungslos auf der Stelle, um dann blitzschnell mit ihrem spitzen Schnabel zuzustechen. Dabei erbeuten sie kleine Fische, Lurche und andere im Wasser lebende Organismen.
Nachtreiher sind im Donaudelta regelmäßig anzutreffen und gelten hier als ungefährdet.

wie Turmfalken (braune Variante) bzw. Sperber (graue Variante) aussehen. Beide genannten Greifvogelarten wären in der Lage, Rohrsänger zu schlagen. So verwenden die Kuckucke also Mimikry, einen Effekt, bei dem ein Lebewesen ein anderes imitiert, um daraus einen Vorteil zu erzielen. Diesen Mimikryeffekt nutzen die Kuckucke aus, um die Eier in die Nester zu legen, denn vor dem vermeintlichen Greifvogel fliehen die Rohrsänger erst einmal vom Nest weg. Diesen Moment nutzt das Kuckucksweibchen, um ein Ei in das Rohrsängernest zu legen. Eine beeindruckende und evolutiv erfolgreiche Fortpflanzungsstrategie!

## Hohe Brutpaarzahlen bei den Koloniebrütern

Von 2015 bis 2018 führte man systematische Zählungen der Koloniebrüter durch (Marinov et al. 2019). Untersucht wurden Reiher, Löffler, Sichler, Kormorane, Seeschwalben und Möwen. Man stellte im genannten Zeitraum große Schwankungen bei den meisten Arten fest: Die Gesamtzahlen aller Koloniebrüter (ohne Pelikane) lagen zwischen 51 457 (2016) und 32 704 (2017) Brutpaaren.

◂ Der größte unter den Rohrsängern ist der Drosselrohrsänger (*Acrocephalus arundinaceus*; oben links), der sein Nest kunstvoll an mehreren Schilfhalmen verankert. Im Mai und Juni schallt überall aus den Schilfbeständen im Delta sein lauter, knarrender Gesang – ein ständig wiederholtes „Karrekarrekitkit-karrekarrekitkit". Er ist ein häufiger Wirt des Kuckucks (*Cuculus canorus*; unten links). Ganz heimlich und selten zu sehen ist der unscheinbare Seidensänger (*Cettia cetti*; oben rechts), ein enger Verwandter der Rohrsänger. Der Schilfrohrsänger (*Acrocephalus schoenobaenus*; unten rechts) ist der kleinste unter den Rohrsängern. Typisch ist der helle Überaugenstreif.

▸ Der „kleine Bruder" des Kormorans (*Phalacrocorax carbo*) ist die Zwergscharbe (*Microcarbo pygmaeus*), die vor allem südosteuropäisch verbreitet ist. Im Donaudelta brüten die Zwergscharben häufig vergesellschaftet mit Kormoranen.

## Löffler

Der Löffler (*Platalea leucorodia*) kommt in Europa, Afrika und Asien vor. In Europa brütet er in Südspanien und Portugal, den Niederlanden, Deutschland sowie in Südosteuropa. Gerade in Westeuropa wird in den vergangenen Jahrzehnten seine Ausbreitung beobachtet. So erschloss er sich die Nordseeküste entlang der Friesischen Inseln und brütet seit einigen Jahren auch in Deutschland.
Namensgebend ist sein langer vorne zu einem Löffel verbreiterter Schnabel, mit dem er hervorragend im flachen Wasser nach Nahrung suchen kann. Der Schnabel funktioniert wie ein Sieb. Das Wasser wird aufgenommen, läuft aber wieder heraus, während die Nahrungsbestandteile im Sieb hängen bleiben – eine Spezialisierung des Schnabels, wie wir sie beispielsweise auch von Flamingos kennen. Im Donaudelta sind Löffler weitverbreitet. Ihr Bestand umfasst hier etwa 200–300 Brutpaare. Sie brüten in Kolonien im Schilf und auch auf Bäumen, bisweilen mit anderen Arten zusammen. Im Prachtkleid fallen die verlängerten Kopffedern, die bei Erregung aufgestellt werden können, sowie der gelbe Fleck am Schnabel auf.
Rumänien und Ungarn sind bedeutende Vorkommensgebiete innerhalb Europas. Die europäische Population hat sich innerhalb von nur 20 Jahren verdoppelt. Momentan gilt der Löffler als ungefährdet, wenngleich er, wie viele andere Arten auch, auf Bewirtschaftungsintensivierung in der Kulturlandschaft mit Bestandsrückgängen reagiert. Das scheint vor allem in der Türkei und Russland der Fall zu sein.

Kormorane und Zwergscharben sind Charaktervögel des Deltas und brüten meist mit Reihern in gemischten Kolonien. Für den Kormoran ermittelte man zwischen 5 500 und 8 200 Brutpaare. Die Zahlen der Zwergscharben lagen mit zwischen 1 600 und 5 200 Brutpaaren etwas niedriger. Am konstantesten zeigten sich die Bestände des Löfflers im Delta. Der Bestand schwankte in den Untersuchungsjahren zwischen 190–240 Brutpaaren. Seine Tendenz wird im Donaudelta wie im restlichen Europa als zunehmend eingeschätzt. Die Population des Braunen Sichlers hingegen zeigte über den vierjährigen Untersuchungszeitraum eine hohe Variabilität, mit 500–1 400 Brutpaaren.

### Unterwegs im Reiherparadies

Bei einer Bootsfahrt durchs Delta begegnet man regelmäßig den drei großen Arten Graureiher, Purpurreiher und Silberreiher. Sie brüten dort teilweise in gemischten Kolonien im Schilf bzw. auf Bäumen in den Auwäldern. Alle Reiherarten haben im Delta aufgrund des Fisch- und Froschreichtums ideale Lebensgrundlagen.

Die häufigsten Reiher im Delta sind Nachtreiher (siehe S. 78/79) und Rallenreiher. Von beiden Arten leben je etwa 3 000 Brutpaare im Delta. Ähnlich hohe Zahlen wurden auch für den Seidenreiher mit etwa 2 600 Brutpaaren ermittelt. Die drei großen Reiherarten weisen nicht solche hohen Zahlen auf. Der Kuhreiher ist mit 10–27 Brutpaaren der seltenste Reiher. Das Donaudelta ist die nördliche Grenze seines Brutgebietes in Osteuropa. Der erste Brutnachweis der Art im Donaudelta und in Rumänien wurde vor etwa 20 Jahren erbracht.

Besonders gut getarnt im Schilf ist der Pupurreiher, der ähnlich wie die Rohrdommeln eine hell-dunkelbraune

▲ Mit seinem lang herabhängenden Kopfschmuck, dem zimtbraunen Rücken und dem auffällig blauen Schnabel präsentiert sich hier der männliche Rallenreiher (*Ardeola ralloides*) im Prachtkleid.

◂ Die Altvögel der Seidenreiher (*Egretta garzetta*; oben) haben am Hinterkopf lange Schmuckfedern, deretwegen sie im ausgehenden 19. Jahrhundert stark verfolgt wurden. Sie waren einst beliebter Hutschmuck bei den Damen der besseren Gesellschaft.
Einer der schönsten Reiher ist der kleine Nachtreiher (*Nycticorax nycticorax*; unten) mit den auffällig roten Augen.

Gemischte Reiherkolonie

Längsstreifung im Brust- und Bauchbereich aufweist. Aufgrund dieser Färbung tarnt er sich zwischen den Schilfhalmen besonders gut und wird meist erst entdeckt, wenn er auffliegt. Im Sonnenlicht irisieren die Federn an Hals, Bauch und Rücken in verschiedenen Farben.

Die kleineren Arten Seiden-, Nacht- und Rallenreiher sind erfreulich häufig zu beobachten. Auch sie brüten in Kolonien in den Weiden der Auwälder oder im dichten Schilfwald. Während der Seidenreiher rein weiß ist, sind die adulten Nachtreiher (siehe S. 78/79) auf Kopf, Rücken und Flügeln schwarz glänzend gefärbt. Besonders auffällig ist ihr großes leuchtend rotes Auge. Die jungen Nachtreiher sind bräunlich-beige gefärbt und erinnern an eine Rohrdommel. Auch bei ihnen fällt die Augenfärbung schon auf, nur dass ihre Augen noch orange-gelbe Färbung zeigen. Die Rallenreiher hingegen haben ein eher helles Gefieder, mit verschiedenen Ockertönen, die sie wiederum im Schilf gut tarnen. Adulte Rallenreiher im Prachtkleid fallen vor allem durch ihren bläulichen Schnabel und die roten Beine auf. Sie können sich perfekt im unteren Bereich von Schilfbeständen bewegen und klettern sehr geschickt an den Halmen hinauf. Aufgrund ihrer geringen Größe sind sie auch in der Lage, über die Blätter der Schwimmblattvegetation zu laufen. Besonders im Sommer und Frühherbst begegnen einem im Delta auch größere Ansammlungen von Rallenreihern. Dann sieht man sie oft in Gruppen auf den Schwimmblattteppichen bei der Nahrungssuche.

Alle drei genannten Arten haben lange, bis auf den Rücken reichende Schmuckfedern am Kopf. Die weißen Kopffedern der Seidenreiher waren im ausgehenden 19. Jahrhundert und zu Beginn des 20. Jahrhunderts ein beliebter Schmuck für Damenhüte. Dafür wurden sie erbarmungslos verfolgt, aber auch zu dieser Zeit regte sich schon Widerstand dagegen, und aus dieser Mode heraus motiviert entstanden erste Vogelschutzbemühungen.

Besonders selten zeigen sich die beiden am meisten an die dichten Schilfbestände angepassten Reiher, die Rohrdommel und die Zwergdommel. Beide weisen eine beige bis ockerbraune Längsstreifung im Brust und Rückenbereich auf. Bei Gefahr machen sie sich besonders lang, sie nehmen die sogenannte Pfahlstellung ein, was sie durch ihre Färbung wie Schilfhalme erscheinen lässt. Eine perfekte Tarnung und Anpassung an den Lebensraum. Beide Dommeln kann man zur Paarungszeit abends und nachts aus den Schilfbeständen rufen hören. Dabei ist der Ruf der Rohrdommel besonders einprägsam. Es ist ein tiefes „buhhh“, das klingt, als wenn man in eine leere Flasche hineinbläst. Mit etwas Glück sieht man im Juni und Juli auch die Zwergdommeln, die kleinsten Reiher Europas, hin und wieder fliegen. Besonders beeindruckend ist es dann zu beobachten, wie diese nur etwa 20 Zentimeter langen kleinen Reiher im oberen Bereich eines Schilfhalmes landen. Sie sind so leicht (60–150 Gramm), dass dieser sich unter dem „Fliegengewicht“ kaum neigt. Beide Arten kommen in den zusammenhängenden großen Schilfbeständen des Deltas häufig vor. Sie errichten ihre Nester im dichten Schilf nur wenige Zentimeter über dem Wasser. Auch die Jungvögel nehmen bei Gefahr schon die Pfahlstellung ein.

◂ Purpurreiher (*Ardea purpurea*; außen). Die Zwergdommel (*Ixobrychus minutus*; oben rechts) ist der kleinste Reiher Europas. Mit einer Größe wie ein Eichelhäher und einem Gewicht von nur 60–150 Gramm sind sie in der Lage, an Schilfhalmen emporzuklettern. Die Große Rohrdommel (*Botaurus stellaris*; unten rechts) lebt in den Schilfwäldern des Donaudeltas. Vor allem nachts ist ihr dumpfer Ruf hörbar.

**Brauner Sichler**

Der Braune Sichler (*Plegadis falcinellus*) ist die einzige in Europa vorkommende Ibisart. Sein braunes Gefieder schimmert je nach Lichteinfall grünlichviolett bis bronzefarbig. Er hat lange Beine und einen nach unten gebogenen Schnabel, der ihm seinen deutschen Namen einbrachte.
Die Art ist kosmopolitisch verbreitet. Man findet sie in Asien, Australien, Afrika, in Teilen Nordamerikas und in der Karibik. In Europa kommt der Sichler hauptsächlich im Süden vor. Schwerpunkte befinden sich in Spanien, am Schwarzen Meer und am Kaspischen Meer. Das Donaudelta zählt neben Südspanien zu den Gebieten mit den höchsten Abundanzen (Individuendichte) in Europa (> 1000 Paare pro Quadrant).
Im Biosphärenreservat Donaudelta nisten die Sichler in gemischten Kolonien zusammen mit Reihern und Kormoranen. Ihr Bestand umfasst 1000–1400 Brutpaare. Die Kolonien befinden sich in Süß- und Brackwasserfeuchtgebieten, die Nester werden im Schilf und auch auf Bäumen errichtet. Die europäischen Sichler sind überwiegend Zugvögel und überwintern im tropischen Afrika. Die Bestandsentwicklung im Donaudelta ist positiv, was auch den Trend im Rest Europas widerspiegelt. Das Areal des Sichlers hat sich in den vergangenen Jahren in westliche und nördliche Richtung erheblich erweitert und umfasst nun große Teile von Spanien, Portugal und auch Rumänien. Er läuft im flachen Wasser umher und sucht dort mit seinem langen gebogenen Schnabel nach Nahrung.
Sichler brauchen höhere Wasserstände. Ihre Brutplätze wechseln auch von Jahr zu Jahr mit den Wasserständen. Eine Absenkung des Wasserspiegels, zum Beispiel durch das Ausbaggern von Donauarmen für die Schifffahrt, stellt für die Lebensräume der Sichler und vieler anderer Vogelarten eine Bedrohung dar.

## Brutgemeinschaft der Schwimmpflanzenzone – Nester auf schwankendem Grund

Viele Vögel des Donaudeltas brüten in den ausgedehnten Schilfwäldern. Andere wiederum haben ihren Lebensraum auf den Schwimmpflanzenteppichen der Seen und Kanäle. Im Delta sind das die Taucher, Seeschwalben und Rallen, die diesen schwankenden Untergrund als Brutplatz nutzen. Sie errichten ihre Nester auf der dichten Schwimmvegetation von Laichkräutern (*Potamogeton* spec.), Wassernuss (*Trapa natans*), Krebsschere (*Stratiotis aloides*), Weißer Seerose (*Nymphaea alba*) und Teichrose (*Nupha lutea*). An besonders dichten Stellen schichten sie das Nistmaterial für ihre schwimmenden Nester auf.

Die Seeschwalben wie die Weißbart-Seeschwalbe (*Chlidonias hybrida*; siehe S. 92/93), Weißflügel-Seeschwalbe (*Ch. leucopterus*), Trauerseeschwalbe (*Ch. niger*) und Flussseeschwalbe (*Sterna hirundo*) brüten in Kolonien, oft mit mehreren Hundert Nestern. Die mit Abstand häufigste Seeschwalbe im Delta ist die Weißbart-Seeschwalbe. Die Zählungen zwischen 2015 und 2018 von Marinov et al. (2019) ermittelten 11 000 Brutpaare. Ihre Nester sind meist eng beieinander auf der Schwimmpflanzenvegetation angelegt. Alle oben genannten Arten legen durchschnittlich 2–3 Eier und die geschlüpften Jungvögel sitzen schon kurze Zeit später nicht mehr im Nest, sondern verteilen sich. Hier werden sie bis zum Flüggewerden von den Altvögeln versorgt. Die Fütterung erfolgt oft sehr schnell. Die Altvögel landen häufig gar nicht bei den Jungvögeln, sondern übergeben das Futter aus der Luft. In den nahrungsreichen Gewässern fangen sie vor allem kleine Fische und die frühen Entwicklungsstadien von Amphibien. Weißbart-Seeschwalben im Prachtkleid ähneln den Flussseeschwalben, haben aber im Gegensatz zu diesen nicht den deutlich gegabelten Schwanz. Weißbart-Seeschwalben haben eine dunklere Oberseite und einen dunkleren, fast karminrot gefärbten Schnabel. Oft trifft man die Flussseeschwalben vereinzelt zwischen den Weißbart-Seeschwalben brütend an. Die großen Kolonien der Flussseeschwalbe befinden sich aber doch meist auf den Sandnehrungen und auch an den Gewässern der Salzwiesenbereiche. Im Delta ermittelte man etwa 3 000 Brutpaare. Bei längerem Aufenthalt im Bereich der Kolonien von Weißbart- und Flussseeschwalben fallen auch die unterschiedlichen Rufe beider Arten deutlich auf. Typisch für die Flussseeschwalben in der Paarungsphase ist die Reck- und Beugehaltung, die beide Partner am Boden durchführen. Häufig laufen sie so, mit im 45°-Winkel nach oben zeigendem Schnabel, nebeneinander her, und oft wird dabei auch ein Fischchen als Geschenk übergeben. Die Übergabe solcher Hochzeitsgeschenke kann man auch bei den anderen Seeschwalbenarten beobachten.

Trauer- und Weißflügel-Seeschwalben sind im Donaudelta deutlich seltener als die beiden vorher genannten Arten. Trauerseeschwalben weisen einen Bestand von etwa 200 Brutpaaren auf, während es von den Weißflügel-Seeschwalben nur 10–20 Brutpaare gibt. Von letzterer wurden erst vor etwa zehn Jahren die ersten Bruten im Biosphärenreservat nachgewiesen. Sowohl Trauer- als auch Weißflügel-Seeschwalben zeigen positive Bestandstrends. Auch sie brüten auf den schwankenden Schwimmpflanzenteppichen. Beide Arten sind sich ähnlich. Sie haben einen dunkelgrauen bis schwarzen Kopf- und Brustbereich.

◂ Alle Seeschwalben sind sehr gute Flieger und bestens an das Leben an und auf den Gewässern angepasst. Weißbart-Seeschwalbe (*Chlidonias hybrida*; oben), Flussseeschwalbe (*Sterna hirundo*; unten).

## Weißbart-Seeschwalbe

Die im Donaudelta wohl häufigste Seeschwalbe mit etwa 12 000 Brutpaaren ist die Weißbart-Seeschwalbe (*Chlidonias hybrida*). Im Europäischen Brutvogelatlas sind für Europa etwa 60 000–100 000 Paare aufgelistet. Davon leben mehr als 65 Prozent in Südost- und Osteuropa (Rumänien, Weißrussland, Ukraine, Russland und Aserbaidschan). Gerade in den vergangenen 20 Jahren gab es eine signifikante Zunahme mit einer Ausbreitung nach Westen und Norden, wobei die Weißbart-Seeschwalben mittlerweile im Baltikum, Polen, der Slowakei, Ungarn und auch in Deutschland und den Niederlanden regelmäßig brüten. Es gibt eine positive Korrelation der Zunahme der Art mit dem Wetter: Temperatur und Niederschlagsarmut in der Brutzeit begünstigen die Ausbreitung; somit scheint die Art auch erst einmal vom Klimawandel zu profitieren, solange genügend Wasser in den Seen und Flüssen vorhanden ist.

Weißbart-Seeschwalben brüten im Donaudelta in großen Kolonien mit mehreren Hundert Brutpaaren auf den Schwimmpflanzenteppichen aus Seerose, Wassernuss oder Krebsschere. Sie haben 1–2 Jungvögel, die schon bald nach dem Schlüpfen bettelnd auf den Schwimmblättern der Pflanzen sitzen und dort von den Altvögeln mit Futter versorgt werden. Hier sind sie auch relativ sicher vor Raubsäugern, allerdings nicht vor Beutegreifern aus der Luft. Rohrweihen, Nebelkrähen oder Möwen erbeuten die noch nicht flüggen Jungvögel, wobei sie oft heftig von den Altvögeln attackiert werden. Das Zusammenspiel vieler adulter Weißbart-Seeschwalben einer Kolonie führt häufig zum Vertreiben der Eindringlinge. Außerdem sind die Jungvögel in der Schwimmblattvegetation gut getarnt.

Zu direkten Verlusten führt der zunehmende Schnellbootverkehr. Durch die Wellenerzeugung kommt es zu Verlusten von Gelegen und Jungvögeln.

Weißbart- und
Trauerseeschwalben

Während bei der Trauerseeschwalbe im Prachtkleid auch die Flügel und Rückenpartien recht dunkel sind, zeigt die Weißflügel-Seeschwalbe im Gegensatz dazu helle Flügel, was auch namensgebend für sie ist. Beide haben einen kaum gegabelten Schwanz.

Die seltenste Seeschwalbe ist die Zwergseeschwalbe (*Sternula albifrons*). Sie brütet auf den küstennahen Sandnehrungen. Ihr Bestand ging in den vergangenen 25 Jahren um 96 Prozent zurück und umfasst heute kaum mehr als zehn Brutpaare. Eine weitere Seeschwalbenart, die nur gelegentlich im Biosphärenreservat brütet, hier aber regelmäßig zwischen April und September beobachtet werden kann, ist die Raubseeschwalbe (*Hydroprogne caspia*). In dieser Zeit kommen Brutvögel aus den östlich gelegenen Brutgebieten hierher, um zu übersommern. Raubseeschwalben sind die größten Seeschwalben Europas.

Auf den Schwimmpflanzenfeldern brütet auch eine weitere Vogelgruppe, die Taucher. Im Donaudelta finden wir Haubentaucher (*Podiceps cristatus*), Zwergtaucher (*Tachybaptus ruficollis*), Rothalstaucher (*Podiceps grisigena*) und Schwarzhalstaucher (*Podiceps nigricollis*). Alle vier Arten sind hier regelmäßig zu beobachten, wenngleich wohl die ersten beiden Arten häufiger anzutreffen sind als letztere. Die Taucher legen 3–5 Eier in ihr schwimmendes Nest, das ein Haufen aus zusammengezogenem Pflanzenmaterial ist. Die Jungvögel verlassen dieses Nest schon kurz nach dem Schlüpfen und schwimmen zusammen mit ihren Eltern zur Nahrungssuche. Eine allen Tauchern eigene Art, die Jungen zu transportieren und zu schützen, ist der Transport auf dem Rücken. Droht Gefahr oder sind die Jungen ermattet, steigen sie auf den Rücken der Eltern und verschwinden unter den Flügeln. Häufig schauen dabei die Köpfe der Jungvögel heraus. Junge Taucher, gleich welcher Art sie angehören, weisen eine mehr oder weniger stark ausgeprägte hell-dunkle Längsstreifung auf und sind damit gut von jungen Entenvögeln zu unterscheiden. Die Fähigkeit zu tauchen besitzen auch schon die Jungtiere. Bei Gefahr tauchen sie auch oft ab und verschwinden unter der Schwimmblattvegetation. Ein perfektes Versteck!

Die sehr häufigen Blässhühner (*Fulica atra*) nutzen ebenfalls die dichten Wasserpflanzenteppiche als Brutplatz. Blässhühner legen 6–8 Eier und wie bei den Tauchern verlassen die Jungen sofort nach dem Schlüpfen das Nest, um mit ihren Eltern zur Nahrungssuche herumzuschwimmen. Auch sie nutzen die Vegetation als sicheres Versteck.

In den Randbereichen der Schwimmpflanzenteppiche und auf den offenen Wasserflächen kann man bei einer Bootsfahrt durchs Delta auch eine ganze Reihe verschiedener Enten-, Gänse- und Schwanenarten begegnen. Unter den acht im Donaudelta brütenden Entenarten sieht man besonders häufig Moorenten (*Aythya nyroca*) sowie Stockenten (*Anas platyrhynchos*). Für Erstere wird eine Zahl von 3 800–4 200 Paaren im Delta angegeben. Oft fliegen sie vor den sich nähernden Booten auf und man sieht besonders schön das weiße Feld im Bereich der Armschwinge. Ansonsten sind Moorenten eher einheitlich braun gefärbt, ihr Rücken ist dunkler als Unterseite und Kopf, die eine kastanienbraune Färbung zeigen. Auffällig ist auch ein weißes Feld unterhalb der Schwanzwurzel. Aufgrund einer Vollmauser im Sommer sind sie, wie einige andere Entenarten auch, für einige Wochen flugunfähig. Weitere im Biosphärenreservat brütende Entenarten sind Schnatterente

▸ Ein Männchen der Trauerseeschwalbe (*Chlidonias niger*; oben) übergibt dem Weibchen einen kleinen „Hochzeitsfisch“. Zwergseeschwalben (*Sternula albifrons*; unten) haben im Bestand deutlich abgenommen und sind aktuell nur mit wenigen Brutpaaren im Donaudelta vertreten.

(*Mareca strepera*), Krickente (*Anas crecca*), Tafelente (*Aythya ferina*), Reiherente (*Aythya fuligula*) und Schellente (*Bucephala clangula*). Auf dem Durchzug im Herbst und Winter erreichen Pfeifenten (*Mareca penelope*), Krickenten, Stockenten, Spießenten (*Anas acuta*), Knäckenten (*Spatula querquedula*) und Löffelenten (*Spatula clypaeta*) sowie Reiher- und Tafelenten sehr hohe Zahlen (10 000–40 000 Individuen). Unter den Gänsen brüten nur Graugänse (*Anser anser*) im Delta. Weitere zehn Gänsearten sind im Delta nachgewiesen, von denen vor allem Blässgänse (*Anser albifrons*) und Graugänse im Winter sehr hohe Rastzahlen erreichen (20 000–40.000 Individuen). Eine Besonderheit im Winter sind die Rothalsgänse (*Branta ruficollis*), die in Bulgarien und Rumänien überwintern und in manchen Jahren mit mehreren Tausend Individuen beobachtet werden können. Von den Schwänen brütet nur der Höckerschwan (*Cygnus olor*) im Donaudelta. Im Winter trifft man auch regelmäßig Singschwäne (*Cygnus cygnus*) und seltener Zwergschwäne (*Cygnus columbianus*) an.

Wie die nordischen Gänse und Schwäne, so werden auch Säger nur im Winter im Donaudelta angetroffen. Am häufigsten kommt der Zwergsäger (*Mergellus albellus*) mit bis zu 5 000 Individuen vor. Viel seltener sieht man Gänsesäger (*Mergus merganser*) und Mittelsäger (*Mergus serrator*).

Alle Vogelarten, die ihre Nester auf diesem schwankenden Grund anlegen, sind vor allem durch den zunehmenden Bootsverkehr mit Schnellbooten bedroht, die mit ihrer starken Wellenerzeugung regelmäßige Nestverluste zur Folge haben. Aber auch der deutliche Rückgang der Fluginsekten und Fischbestände und Wasserstandsschwankungen durch starke Niederschläge oder die Absenkung der Wasserspiegel durch Trockenheit und die Vertiefung der Fahrrinnen für Schiffe führen zu Nestverlusten und zu lokalen Brutausfällen.

## Vogelwelt der Auwälder

Die Auwälder befinden sich vor allem entlang der Kanäle und bestehen fast ausschließlich aus Weiden und Pappeln. An den Ufern wächst häufig der aus Nordamerika eingeführte Falsche Indigo (*Amorpha fruticosa*). Als invasive Pflanze verdrängt er zunehmend die natürliche Ufervegetation und stellt eine Bedrohung der Artenvielfalt dar.

Neben den oben beschriebenen Koloniebrütern, deren Nester oft in diesen Auwäldern überwiegend auf Weiden angelegt sind, finden wir hier zum Beispiel den Seeadler (*Haliaeetus albicilla*), der seine mächtigen Horste auf den alten Silber-Weiden und Pappeln in einer Höhe zwischen fünf und 24 Metern baut. Im gesamten Donaudelta wurden mit steigender Tendenz zwischen 2009 und 2018 zwischen 20–49 besetzte Horste gezählt. Neben den Pelikanen ist der Seeadler einer der größten Vögel im Donaudelta. Der Fischreichtum und die vielen Wasservögel bilden eine ideale Nahrungsgrundlage für diesen großen Beutegreifer. Nach Untersuchungen von Alexe et al. (2018) befinden sich 74 Prozent der Seeadlerhorste nicht weiter als 5 000 Meter von den nächsten Wasservogelkolonien, was darauf hindeutet, dass die Nähe einer Wasservogelkolonie ein entscheidender Faktor für die Auswahl des Jagdgebiets und des Neststandorts des Seeadlers sein kann.

Ein weiterer Greifvogel, der im Delta regelmäßig vorkommt, ist der Baumfalke (*Falco subbuteo*). Als Brutplätze

◂ Rothalstaucher (*Podiceps grisegena*; oben) mit Jungvogel. Schwarzhalstaucher (*Podiceps nigricollis*; unten links). Moorente (*Aythya nyroca*; unten rechts).

▲ Seinen mächtigen Horst errichtet der Seeadler (*Haliaeetus albicilla*) in alten Silber-Weiden und Pappeln oft in der Nähe von Wasservogelkolonien. In der Regel hat er zwei bis drei Jungvögel.

Seeadler

◀ Die Beutelmeise (*Remiz pendulinus*) hat ihren Namen von den kunstvollen Beutelnestern, die sie aus den Samen von Pappeln und Weiden filzt. Die Nester hängen an dünnen Weidenästen und pendeln im Wind hin und her. Zwei bis drei Tage vor dem Ausfliegen schauen die Jungen regelmäßig zur Fütterung aus dem Nesteingang (außen). Die Paarung der Beutelmeise kann man nur selten beobachten (oben rechts).
Zwergschnäpper (*Ficedula parva*) brüten in den Altbeständen der Auwälder mit dichtem Unterwuchs (unten rechts).

nutzt er die alten Nebelkrähennester in den Bäumen entlang der Kanäle, und man begegnet ihm häufig über den Gewässern bei der Libellen- und Schwalbenjagd. In Uferabbrüchen im Bereich der Kanäle findet man häufig größere Uferschwalbenkolonien, die oft mit Bienenfressern (*Merops apiaster*) vergesellschaftet sind. Der Eisvogel (*Alcedo atthis*) ist eine weitere Art, die häufig an den Kanälen anzutreffen ist. Auch er nutzt die Uferabbrüche, um darin seine etwa einen Meter tiefe Höhle zu graben. Beim Durchfahren der Kanäle hört man meist zuerst seinen hohen durchdringenden Pfiff, bevor dieser blau schimmernde Vogel flach über das Wasser davonfliegt, um dann wieder im nächsten Ufergehölz zu landen. Im Lichtspiel der grünen Blätter ist dieser vermeintlich sehr bunte Vogel dann nur noch schwer zu entdecken. Der Eisvogel besitzt trotz seiner kräftigen blauen Farbe eine perfekte Tarnung an seinem Lebensraum.

In den Auwäldern gibt es auch eine Menge abgestorbener Bäume. Hier sieht und hört man regelmäßig Schwarz- (*Dryocopus martius*) und Grauspechte (*Picus canus*), die sehr gern dieses Totholz zur Nahrungssuche und auch zur Anlage ihrer Bruthöhlen nutzen. Trotzdem die Blauracken (*Coracias garrulus*) uns eher als die Vögel der trockenen Lebensräume bekannt sind, kommen sie auch regelmäßig entlang der Kanäle vor. Sie brüten hier unter anderem in Schwarzspechthöhlen und nutzen auch sonst das reiche Höhlenangebot in den alten Bäumen. Das selbe Habitat teilen mit ihnen Zwergschnäpper (*Ficedula parva*), Halsbandschnäpper (*F. albicollis*) und Trauerschnäpper (*F. hypoleuca*). Ihre Gesänge hört man im Mai regelmäßig. Alle drei Arten sind nicht selten anzutreffen. Auch sie nutzen die Höhlen in den alten Weiden als Brutplätze.

Im Übergangsbereich von den Schilfflächen der Seen in die Kanäle sind regelmäßig Beutelmeisen (*Remiz pendulinus*) anzutreffen, die ihre kunstvollen Beutelnester an den hängenden Zweigen von Weiden aufhängen. Die Nester werden aus den Samen von Schilf und Weiden gefilzt. Die Männchen fallen vor allem durch ihren rötlichbraunen Rücken im Kontrast zu einer hellen Unterseite und einer schwarzen Gesichtsmaske auf. In Nestnähe hört man auch oft den charakteristischen Ruf, ein weiches „zi-zi". Oft verraten sie damit ihre Anwesenheit. Im Delta finden die Beutel- wie auch die Bartmeisen (*Panurus biarmicus*; siehe S. 102/103) ideale Lebensbedingungen und man kann bei einer Bootstour beiden Arten häufig begegnen.

## Lagunen, Salzwiesen und maritime Sanddünen

An den Lagunen, größeren Seen sowie den Sandbänken gibt es ein artenreiches Spektrum von Wat- und Wasservögeln, die dort brüten oder auch nur auf ihrem Durchzug rasten. Charakteristische Brutvögel der Lagunen und Salzwiesen sind Stelzenläufer (*Himantopus himantopus*), Säbelschnäbler (*Recurvirostra avosetta*), Kiebitz (*Vanellus vanellus*), Sand- und Seeregenpfeifer (*Charadrius hiaticula, Ch. alexandrinus*), Löffler (*Platalea leucorodia*; siehe S. 82/83), Rallen-, Purpur- und Seidenreiher

◂ Stelzenläufer (*Himantopus himantopus*; oben) sind mit ihren langen Beinen in der Lage, auch in tieferen Wasserbereichen nach Nahrung zu suchen. Die Paarung kommt einem akrobatischen Akt gleich.
Der Säbelschnäbler (*Recurvirostra avosetta*; unten) hat seinen Namen wegen des säbelartig nach oben gebogenen Schnabels, den er leicht geöffnet in pendelnden Bewegungen durch das Flachwasser oder Schlick bewegt und dabei kleine Krebstiere und Insektenlarven erbeutet.

## Bartmeise

▲ Jungvogel

Bartmeisen (*Panurus biarmicus*) sind etwa so groß wie Kohlmeisen, haben aber einen langen Schwanz und kurze Flügel. Sie sind hell ockerfarbig, die Männchen haben einen blaugrauen Kopf und zwei deutliche schwarze Bartstreifen.
Bartmeisen leben in großen zusammenhängenden Schilfbeständen und sind dort aufgrund ihrer Färbung bestens an diesen Lebensraum angepasst. Im Donaudelta hat die Bartmeise ein bedeutendes Vorkommensgebiet in Europa. Sie ist in der gesamten Paläarktis verbreitet, aber aufgrund der Verteilung geeigneter Lebensräume ist ihre Verbreitung zersplittert. In den großen Schilfgebieten kommt sie oft geklumpt vor, und es gibt kleinflächig hohe Nestdichten (> 20 Brutpaare/10 Hektar). Ihre Nester errichten sie in der dichten Vegetation von Schilf, Rohrkolben, Seggen oder Binsen, meist dicht über dem Wasser. Bartmeisen überwintern in der Regel an ihren Brutplätzen, aber es gibt gelegentlich auch Wanderungen.
Meist hört man zuerst ihren typischen Ruf, ein zweisilbiges „tschin-tschin". Mit etwas Glück entdeckt man die gut getarnten kleinen Vögel zwischen den Schilfhalmen, wo sie sich schnell hin und her bewegen. Nach der Brutzeit und auch im Winterhalbjahr sieht man oft Trupps mit mehr als 20 Vögeln kurz über dem Schilf fliegen, um dann auch gleich wieder darin zu verschwinden.
Die Art reagiert mit empfindlichen Bestandseinbrüchen auf Kältewinter. Auch Eisbehang, Raureif oder Schneebedeckung an Schilf und Rohrkolben erschweren die Nahrungssuche für die kleinen Vögel erheblich. Im Winter sind die Samen der genannten Pflanzen in der Schilfvegetation die Hauptnahrung, während sie im Sommerhalbjahr hauptsächlich von kleinen Insekten leben. Zur Zerkleinerung der Samennahrung nehmen sie Magensteinchen auf. Die Bartmeise ist im Donaudelta häufig und hier nicht bedroht.

(*Ardeola ralloides, Ardea purpurea, Egretta garzetta*) sowie die Rotflügel-Brachschwalbe (*Glareola pratincola*; siehe S. 106/107). Rosapelikane (*Pelecanus onocrotalus*) und die viel selteneren Krauskopfpelikane (*Pelecanus crispus*) können hier regelmäßig beim Fischen beobachtet werden. Von den beiden Säbelschnäblerverwandten Stelzenläufer und Säbelschnäbler ist Ersterer der häufigere, wenngleich die Bestände auch großen Schwankungen unterliegen. So ermittelten Marinov et al. (2019) bei ihren Zählungen 2017: 207 Brutpaare des Stelzenläufers und 2018: 841 Brutpaare. Die Bestände des Säbelschnäblers schwankten im Untersuchungszeitraum zwischen 70–193 Brutpaaren. Beide Arten sind Charaktervögel der Salzwiesen und Lagunenbereiche und dort auch fast immer zu beobachten. Stelzenläufer fallen sofort durch ihre langen knallroten Beine auf, welche namensgebend für die Art sind. Mit ihnen kann der Stelzenläufer auch in tieferen Wasserbereichen laufen und nach Nahrung suchen. Der Säbelschnäbler ist deutlich größer als der Stelzenläufer und hat einen säbelartig nach oben gebogenen Schnabel. Auffällig ist auch sein kontrastreiches schwarz-weißes Gefieder, das vor allem im Flug gut zur Geltung kommt.

Eine ganz besondere Vogelart der Salzwiesenbereiche ist die etwa starengroße, recht zierlich wirkende Rotflügel-Brachschwalbe. Vom Habitus und besonders im Flug an eine Seeschwalbe erinnernd, gehört sie doch zu den Limikolen. Sie hält sich gern in den Salzwiesen mit kleinteiligem Wechsel von trockenen und feuchten Bereichen auf. Gerade im Flug, der sehr rasant ist, sieht man die schmalen schwalbenartigen Flügel und den gegabelten Schwanz recht gut. Bei gutem Licht sieht man auch die rostroten Flügelunterseiten. Die Brachschwalben zu beobachten ist ein ganz besonderes Erlebnis. Zwischen 2015 und 2018 ging ihr Bestand von 270 Brutpaaren auf 110 Brutpaare zurück. Neben natürlichen Schwankungen im Bestand ist ein weiterer Grund für den Rückgang die Nutzungsintensivierung durch Rinderbeweidung in den Salzwiesenbereichen.

An der Küstenlinie zum Schwarzen Meer erstreckt sich ein strukturreicher Wechsel zwischen großen ehemaligen Brackwasserlagunen und den parallel zur Meeresküste verlaufenden Meeressandbänken. Auf diesen maritimen Dünen befinden sich vor allem die Brutkolonien von Brandseeschwalben (*Thalasseus sandvicensis*), und vereinzelt brüten hier auch noch die Zwergseeschwalben (*Sterna albifrons*). Außerdem gibt es Kolonien von Mittelmeermöwen (*Larus michahellis*) sowie Fischmöwen (*Ichthyaetus ichthyaetus*; siehe S. 110/111). Der einzige bekannte Brutplatz der Fischmöwe in Rumänien ist eine inzwischen zu einer kilometerlangen Insel angewachsene Sandbank in der zwischen der Mündung des Chilia- und der des Sulina-Arms liegenden Bucht von Musura. Die rumänische Brutpopulation wird auf 70–120 Paare geschätzt und ihr Bestand zeigt einen leichten Aufwärtstrend (Marinov et al. 2019). Auf der Sandinsel von Musura brüten sie zusammen mit den Mittelmeermöwen. Ohne ständige Bewachung der Nester und Jungvögel wären erfolgreiche Bruten der Fischmöwen innerhalb der Kolonie der aggressiven Mittelmeermöwen allerdings nicht möglich.

Auf den Sandbänken am Schwarzen Meer haben neben den See- und Sandregenpfeifern (*Charadrius alexandrinus*

▸ Brandseeschwalben (*Thalasseus sandvicensis*; oben) bei der Kopulation. In den großen Kolonien herrscht ein ohrenbetäubender Lärm sowie ein ständiges An- und Abfliegen der Altvögel.
Die Fischmöwenküken (*Ichthyaetus ichthyaetus*; unten) nehmen gierig den Fisch aus dem Schnabel der Altvögel entgegen.

### Rotflügel-Brachschwalbe

Brachschwalben sehen auf den ersten Blick wie Seeschwalben aus, gehören aber zu den Schnepfenvögeln. Im Donaudelta brütet nur die Rotflügel-Brachschwalbe (*Glareola pratincola*) mit etwa 100–150 Brutpaaren. Die Schwarzflügel-Brachschwalbe (*Glareola nordmanni*) ist ein seltener Gast.

Mit einer Körperlänge von 22–25 Zentimetern ist die Art ungefähr drosselgroß. Sie ist oberseits ockerbraun gefärbt, die Brust ist hellbraun und der Bauchbereich weiß. Besonders auffällig ist ihr Schnabel, der an der Basis rot und an der Spitze schwarz ist. Die Kehle ist weißlich und wird von einem schmalen schwarzen Band begrenzt. Im Flug sieht man auf der Unterseite der Flügel ein leuchtend rotes Feld und ihr Schwanz ist leicht gegabelt.

Brachschwalben brauchen den Wechsel zwischen trockenen Steppenbereichen und nassen Salzwiesen. Diese enge Verzahnung solcher Lebensräume finden sich vor allem in den Randbereichen des Donaudeltas und des Razim-Sinoie-Lagunenkomplexes. Sie legen in der Regel 2–3 Eier und ihre Jungen sind, wie bei allen Schnepfenvögeln, Nestflüchter. Sie ernähren sich vor allem von Insekten, die sie sowohl im Flug als auch am Boden erbeuten.

Brachschwalben sind im Biosphärenreservat in ihrem Bestand rückläufig. Hauptgefährdungsursache sind die Nutzungsintensivierung wie der Umbruch von Steppenflächen und die Überbeweidung der Salzwiesenbereiche.

Hauptverbreitungsgebiet der Art ist Spanien, Portugal, Türkei, Griechenland, Rumänien und der europäische Teil Russlands. Die Art ist ein Langstreckenzieher und überwintert in Afrika (Sahelzone). In Europa gibt es etwa 8000–15000 Brutpaare. Sie gilt hier noch als ungefährdet, wenngleich ihr Bestandstrend abnehmend ist.

und *Ch. hiaticula*) auch noch die Flussregenpfeifer (*Ch. dubuis*) ihre Brutplätze.

Im Frühjahr und Herbst kann man in den Lagunen und am Schwarzen Meer auch eine ganze Reihe von durchziehenden Vögeln beobachten, die diese Gebiete als Rastplätze nutzen. Vor allem Limikolen kann man hier in größerer Zahl sehen. Besonders häufig (> 10 000 Individuen/Jahr) auf dem Durchzug zu beobachten sind Kiebitz (*Vanellus vanellus*), Alpenstrandläufer (*Calidris alpina*), Kampfläufer (*Calidris pugnax*), Bekassine (*Gallinago gallinago*), Uferschnepfe (*Limosa limosa*) und Rotschenkel (*Tringa totanus*). Hohe Individuenzahlen (3 000–8000 Individuen/Jahr) wurden auch von Kiebitzregenpfeifer (*Pluvialis squatarola*), Zwergstrandläufer (*Calidris minuta*), Sichelstrandläufer (*Calidris ferruginea*), Großem Brachvogel (*Numenius arquata*), Dunkelwasserläufer (*Tringa erythropus*) sowie Waldwasserläufer (*Tringa ochropus*) ermittelt (Marinov et al. 2019). Weitere regelmäßig zu beobachtende, aber nicht in so hohen Individuenzahlen durchziehende und rastende Limikolen sind: Sanderling (*Calidris alba*), Temminckstrandläufer (*Calidris temminckii*), Sumpfläufer (*Calidris falcinellus*), Zwergschnepfe (*Lymnocryptes minimus*), Teichwasserläufer (*Tringa stagnatilis*), Bruchwasserläufer (*Tringa glareola*), Flussuferläufer (*Actitis hypoleucos*) sowie Odinshühnchen (*Phalaropus lobatus*).

Eine bisher in den kleineren flachen Seen im Lagunenkomplex eher unregelmäßig beobachtete Art ist der Rosaflamingo (*Phoenicopterus roseus*). Im Jahr 2021 gab es einen ungewöhnlich starken Einflug mit bis zu 260 Individuen, die sich über Wochen im Südosten des Biosphärenreservats, an den Seen Razim, Golovița und Sinoie, aufhielten. Obwohl einige Vögel deutliches Paarungsverhalten zeigten, konnten keine Bruten nachgewiesen werden. Grund des starken Einfluges war vermutlich der Totalverlust der Bruten am türkischen Tuz-See. Es war aber auch ein nestjung beringter Vogel aus Südfrankreich dabei. Ob es in den kommenden Jahren auch zu Bruten des Rosaflamingos im Donaudelta kommen wird, bleibt abzuwarten.

Der Jungfernkranich (*Grus virgo*) ist eine weitere interessante Art, die unregelmäßig im Bereich der Salzwiesen und Lagunen zu beobachten ist. Jungfernkraniche brüten weiter östlich in den Steppengebieten auf der Halbinsel Krim. Von dort aus kommen immer wieder einmal Vögel auch bis in das Donaudelta.

Diese Aufzählung der durchziehenden Arten ist nur eine Auswahl. Weiteres ist der Gesamtartenliste der Vögel des Donaudeltas zu entnehmen, die von Marinov et al. (2023) veröffentlicht wurde (siehe S. 226). Das Artenspektrum und die ermittelten Individuenzahlen zeigen eindrucksvoll, welche hohe Bedeutung das Donaudelta auch für jährlich durchziehende und rastende Vögel hat. Somit lohnt sich für Vogelinteressierte auch ein Besuch des Gebietes im August und September.

◂ Nicht nur für die Brutvögel sind die Salzwiesen und Lagunen von großer Bedeutung, auch für die im Norden brütenden Schnepfenvögel (Scolopacidae) sind sie wichtige Rastgebiete auf ihrer großen Reise zu den Brutgebieten in den sibirischen Tundren. Auf dem Zugweg ist das Donaudelta ein wichtiger Trittstein. Im Vordergrund ist mit dunklem Bauchfleck ein Alpenstrandläufer (*Calidris alpina*) zusammen mit einem Sichelstrandläufer (*Calidris ferruginea*) zu sehen (oben links). Das Weibchen des Seeregenpfeifers (*Charadrius alexandrinus*; oben rechts) setzt sich auf die Eier, welche für die geringe Körpergröße des Vogels sehr groß sind.
Rosaflamingos (*Phoenicopterus roseus*; unten) brüten bisher noch nicht im Donaudelta, fliegen aber seit einigen Jahren zunehmend ein.

## Fischmöwe

Die Fischmöwe (*Ichthyaetus ichthyaetus*) ist mit einer Körperlänge von 60–70 Zentimetern und einer Flügelspannweite von 150–170 Zentimetern die größte in Europa vorkommende Möwe. Das Brutgebiet der Fischmöwe umfasst die südlichen Teile der Ukraine sowie Russlands, es reicht ostwärts bis zum mittleren Ural, in die Mongolei und die zentralasiatischen Staaten.

Ihre europäische Verbreitung ist äußerst lückenhaft und konzentriert sich vor allem auf die Küsten des Kaspischen Meeres, auf das Asowsche Meer und die Schwarzmeerküste um die Krim herum. In den letzten Jahrzehnten ist eine Arealerweiterung nach Westen bis in das Donaudelta erfolgt, aber vor allem auch nach Norden entlang der Flüsse Wolga und Dnjepr. Fischmöwen sind Kurzstreckenzieher, die sich außerhalb der Brutzeit vor allem an den Küsten vom Kaspischen, Schwarzen und Asowschen Meer aufhalten.

Noch in den 1990er-Jahren waren Fischmöwen im Donaudelta nur Gastvögel. Erste Brutnachweise wurden um 2010 erbracht. Heute gibt es eine Kolonie auf einer maritimen Sandbank bei Sulina. Ihr Bestand wird mit 60 Paaren angegeben. Für die Brut wählt die Fischmöwe flache, möglichst vegetationsarme Inseln und Nehrungen. In eine flache Mulde im Sand legt sie 2–3 braun gefleckte Eier. Häufig brütet sie in enger Nachbarschaft mit anderen Möwen oder Brandseeschwalben (*Thalasseus sandvicensis*). Die Fischmöwe erreicht im Donaudelta ihre westliche Arealgrenze.

Ihr Bestand scheint momentan hier stabil zu sein, während sich im europäischen Maßstab Rückgänge zeigen. Grund dafür sind vor allem menschliche Störungen wie die touristische Erschließung von Meeresküsten, Seeuferzonen oder Nehrungen. Aber auch Wasserstandsschwankungen beeinflussen die Wahl der Brutplätze und den Bruterfolg.

# Säugetiere zwischen Wasser und Land

Nach Cuzic & Murariu (2008) gibt es im Donaudelta über 40 Säugetierarten, wovon mehr als die Hälfte Kleinsäuger (Echte Mäuse, Wühlmäuse, Spitzmäuse, Fledermäuse) sind. Die meisten Arten leben auf trockenen Inseln oder in den Randbereichen. Einige Kleinsäugerarten wie beispielsweise Wasserspitzmaus (*Neomys fodiens*), Sumpfspitzmaus (*Neomys anomalus*) oder Ostschermaus (*Arvicola terrestris*) sind besonders gute Schwimmer und Taucher.
Aber auch größere Säugetiere kommen im Donaudelta vor. So gab es bis vor wenigen Jahren in den weiten Schilfwäldern häufig Wildschweine (*Sus scrofa*), doch seit einigen Jahren sind sie aufgrund der Afrikanischen Schweinepest stark zurückgegangen. Marderhund (*Nyctereutes procyonoides*; siehe S. 116/117) und Goldschakal (*Canis aureus*; siehe S. 200/201) sind in den vergangenen 50 Jahren verstärkt ins Donaudelta eingewandert. Ersterer hat sein ursprüngliches Verbreitungsgebiet viele Tausend Kilometer weiter östlich, er wurde aber in den 1950er-Jahren wegen seines Fells in der Ukraine ausgesetzt. Von dort wanderte er ab den 1960er-Jahren auch in das Delta ein. Er lebt auch

◂ Wildkatze (*Felis silvestris*) nachts im Donaudelta, aufgenommen mit einer professionellen Spiegelreflex-Kamerafalle.

in den feuchten Bereichen und ist ein bedeutender Nestprädator für die Reiher und andere Schilf- und Auwaldbrüter. Der Goldschakal etablierte sich nach 1975 in der Dobrudscha und wurde zunächst vermehrt auf den maritimen Sandbänken und in der Nähe der Siedlungen beobachtet. Er ist die einzige Schakalart in Europa und profitiert hier vor allem von unsachgemäßer Hausabfallentsorgung, die ihm zusätzliche Nahrung verschafft. Der Goldschakal besetzt die Nische des früher hier vorkommenden Wolfs, der größer ist und wiederum auch Einfluss auf die Bestände der Goldschakale nehmen würde (Marinov et al. 2018). Das gute, anthropogen bedingte Nahrungsangebot und das Fehlen des Wolfs sind zwei wichtige Gründe für die starke Ausbreitung des Goldschakals in den vergangenen Jahrzehnten in der gesamten Dobrudscha.

Überraschend scheint auf den ersten Blick das Vorkommen der Wildkatze (*Felis silvestris*) im Donaudelta, verbindet man ihr Vorkommen in Westeuropa doch meist mit großen zusammenhängenden Wäldern. Die Europäische Wildkatze lebt jedoch auch am Rande von Sumpfgebieten und Auwäldern. Aufgrund ihrer heimlichen Lebensweise weiß man nur recht wenig über die Wildkatzen im Donaudelta. Die Begegnungen mit ihr sind selten und meist zufälliger Art. So gibt es Berichte von Fischern, dass die Wildkatzen sich bei plötzlich einsetzendem Wasseranstieg auf Bäume flüchten und dort oft lange ausharren. Lokale Beobachtungen belegen, dass Wildkatzen dort selbst in den feuchtesten Bereichen leben und sehr gute und gewandte Schwimmer sind. Sie sind bestens an die besonderen Bedingungen der Deltalandschaft angepasst. Über die Häufigkeit von Wildkatzen im Donaudelta gibt es keine Angaben, möglicherweise kommt sie häufiger vor als angenommen. Nach eigenen Untersuchungen mit wenigen Kamerafallen und Wildkameras im Deltainneren konnten Wildkatzen regelmäßig auf den Aufnahmen der Kameras nachgewiesen werden. Um mehr über das Vorkommen in diesem schwer zugänglichen Gebiet zu erfahren, könnte ein koordiniertes System aus Wildkameras eine Menge neuer Erkenntnisse liefern.

Eine besondere Seltenheit ist der in großen Teilen Europas ausgestorbene Europäische Nerz (*Mustela lutreola*), der in den semiaquatischen Lebensräumen des Deltas eines seiner letzten Vorkommen in Europa hat. Er ist vom Aussterben bedroht. Europäische Nerze waren einst in ganz Europa von Nordspanien bis in das westliche Sibirien und in die Kaukasus-Region verbreitet. Heute existieren lediglich Reliktpopulationen in Frankreich, Spanien und in Osteuropa, wobei die stabilste Population im Donaudelta lebt. Vergleicht man die Lebensräume der verschiedenen Länder, so zeigt sich eine hohe Heterogenität

◂ Baummarder (*Martes martes*; oben) sind Allesfresser und ernähren sich vorzugsweise von Kleinsäugern und Vögeln sowie deren Eiern, sie nehmen aber auch Reptilien und Frösche. Im Spätsommer gehören Früchte und Beeren zum Speiseplan. Der an Waldbestände gebundene Baummarder ist ein hervorragender Kletterer. Er kann im Geäst bis zu 4 Meter weit springen.
Der Steinmarder (*Martes foina*; unten) wurde bisher nur selten im Deltainneren nachgewiesen. Im Schneesturm sucht er nachts nach Nahrung, die der des Baummarders ähnelt. Während der Baummarder eine dunkle, braune Nase hat, ist die des Steinmarders hell und rosa. Die Ohren des Baummarders sind länger und haben einen hellen Rand, die des Steinmarders sind kleiner und liegen weiter außen am Kopf. Der individuell unterschiedliche Kehlfleck ist beim Baummarder gelb bis orange, beim Steinmarder meist weiß.

## Marderhund – auf kurzen Beinen durch die Nacht

Das natürliche Verbreitungsgebiet des Marderhundes (*Nyctereutes procyonoides*) liegt im Südosten Sibiriens, im Osten Chinas und Norden Vietnams sowie in Japan. Im Donaudelta leben Marderhunde schon viele Jahrzehnte, seitdem sie wegen ihres dichten, in der Pelzindustrie begehrten Winterfells im 19. Jahrhundert westlich des Urals eingeführt wurden. Später wurden vor allem in den Dreißiger- bis in die Sechzigerjahre des 20. Jahrhunderts in einem sich von der Ukraine bis nach Karelien erstreckenden Gebiet knapp 10 000 weitere Exemplare ausgesetzt, um sie für die Pelzindustrie bejagen zu können. All dies beschleunigte die Ausbreitung des europäischen „Neubürgers" nach Westen und seine rasche Besiedlung des Donaudeltas.
Marderhunde sind sehr anpassungsfähige Tiere, die feuchte, vielfältig strukturierte und bewaldete Lebensräume mit viel Unterholz an Flüssen und Seen, Erlenbruchwälder und Weidendickichte sowie Sumpfwiesen bevorzugen. Während sie im Donaudelta auch heute noch häufiger zu sehen sind, hat das Vorkommen der Marderhunde in der Waldsteppe und der Kulturlandschaft der Dobrudscha deutlich abgenommen. Das ist unter anderem auf den sehr starken Anstieg der Goldschakal-Population (siehe S. 200/201) zurückzuführen. So wurden bei Nahrungsanalysen in den Exkrementen und im Mageninhalt erlegter Schakale regelmäßig Reste vom Marderhund entdeckt.
Als Besucher des Donaudeltas bekommt man den fuchsgroßen, kurzbeinigen Marderhund nur selten zu Gesicht, da er im Verborgenen lebt und erst in der Dämmerung und im Schutz der Dunkelheit auf Nahrungssuche geht. Marderhunde sind Allesfresser, einen großen Anteil auf ihrem Speiseplan nimmt pflanzliche Nahrung ein, sie ernähren sich jedoch zudem von Regenwürmern, Schnecken, Fröschen, Mäusen, Vogeleiern und Jungvögeln. Auch Aas wird nicht verschmäht. Die Tiere durchstreifen ihr Revier und sind eher Sammler als gezielte Jäger. Nach der Paarung im Februar/März kommen nach etwa 60 Tagen die Jungen zur Welt. Die oft bis zum Tod monogam zusammenlebenden Elterntiere kümmern sich beide um die Welpen.

und Anpassungsfähigkeit der Art. Im Donaudelta kommt der Europäische Nerz vorwiegend in aquatischen und Schilfökosystemen vor. Allerdings gibt es Beobachtungen, die zeigen, dass Nerze auch in der Nähe menschlicher Siedlungen, auf den Steindämmen der Donau, an Teichdämmen sowie in anderen, vom Menschen veränderten Bereichen vorkommen. Innerhalb des Donaudeltas und in schilfreichen Gegenden des südlichen Lagunenkomplexes ist der Europäische Nerz noch weitverbreitet. Marinov et al. (2012) stellten zwischen 2003 und 2011 in verschiedenen Bereichen des Deltas Lebendfallen auf und konnten auf diese Weise 74 Nerze nachweisen. Der ursprünglich aus Amerika eingeführte Mink (*Neogale vison*) ist aufgrund seiner Konkurrenzstärke und sehr ähnlicher ökologischer Ansprüche eine ernsthafte Bedrohung für den Europäischen Nerz. Erfreulicherweise wurden bei der oben genannten Untersuchung weder Minke gefangen noch beobachtet.

Als Generalist besiedelt der Rotfuchs (*Vulpes vulpes*) die gesamte Dobrudscha, im Donaudelta nur die trockeneren Randbereiche. Obwohl Füchse schwimmen können, wenn sie müssen, meiden sie doch eher das Wasser. Das erklärt auch, dass man sie im Deltainneren kaum antrifft. Gleiches gilt für den Dachs (*Meles meles*) sowie Baum- und Steinmarder (*Martes martes, M. foina*). Erstaunlicherweise konnten auf den Bildern der Kamerafallen im Deltainneren beide Marderarten nachgewiesen werden. Laut der Literatur sind sie in der Lage zu schwimmen, meiden aber das Wasser. Sie sind gute Kletterer und es liegt nahe, dass sie in den Auwäldern des Donaudeltas mit ihren alten höhlenreichen Bäumen einen sehr geeigneten Lebensraum finden. Als Generalisten sind sie in der Lage, verschiedenste Lebensräume zu besiedeln. Zudem ist für diese kleinen Raubsäuger mit dem Nahrungsreichtum im Donaudelta der Tisch reich gedeckt.

Der Wolf (*Canis lupus*) ist in der Dobrudscha und im Donaudelta ausgestorben. Letzte Wolfsnachweise stammen aus den 1970er-Jahren. Bis in das 19. Jahrhundert hinein besiedelten Wölfe die gesamte Dobrudscha einschließlich des Deltas. Wie in vielen anderen Regionen auch, wurden die Wölfe hier erbarmungslos verfolgt und schließlich bereits in der ersten Hälfte des 20. Jahrhunderts weitestgehend ausgerottet. Es gibt in der Literatur eindrucksvolle Beschreibungen von Wolfsjagden, und Ortsbezeichnungen wie Grindul Lupilor erinnern heute noch an das frühere Vorkommen dieses beeindruckenden Raubtiers im Donaudelta.

▸ Der Goldschakal (*Canis aureus*) ist mit etwa 44–50 Zentimetern deutlich kleiner als der Wolf und etwas größer als der Fuchs. Mit einem Gewicht von maximal 15 Kilogramm ist ein Goldschakal wesentlich leichter als ein Wolf.

# Veränderungen durch den Menschen

Um 1856 wurde in Wien die Europäische Donaukommission gegründet, eine Behörde zur Regelung und Verabredung der Schifffahrts- und Strompolizei-Vorschriften für die Donau. Der Kommission gehörten natürlich die Vertreter der Anrainerstaaten des Flusses an, aber auch Länder wie Italien, England und Frankreich, die zwar nicht an der Donau liegen, aber ein großes Interesse an der wirtschaftlichen Erschließung dieses Wasserweges als Tor in den Orient hatten. 1870 erhielt Sulina, der Hauptort an der Mündung der Donau ins Schwarze Meer, den Status eines internationalen Freihafens. Sulina war bis zum Zweiten Weltkrieg ein sehr bekannter Hafen und eine blühende Stadt mit internationalem Publikum. Der Sulina-Arm war auch immer die Haupteinfahrt in die Donau. Diese Einfahrt war über viele Jahrzehnte eine gefährliche Angelegenheit, da die Fahrrinne über Nacht versanden konnte und dort regelmäßig Schiffe auf Grund aufliefen. In Sulina wird am Beispiel des alten Leuchtturms die Landanlagerung besonders eindrucksvoll sichtbar. Der um 1870 errichtete Leuchtturm steht heute fast einen Kilometer landeinwärts. Schon im letzten Drittel des 19. Jahrhunderts wurde

▸ Frei laufende Rinder im Donaudelta.

angefangen, den Sulina-Arm zu begradigen. Das zog einen schnelleren Abfluss nach sich und damit einhergehend auch einen noch schnelleren Transport von Sediment an die Mündung. Schon bald begann man Baggerschiffe an der Mündung einzusetzen, die ständig die freie Einfahrt in die Donau gewährleisteten.

Die gravierendsten Eingriffe ins Delta erfolgten ab Mitte des vorigen Jahrhunderts. Ihren Höhepunkt erreichte die Zerstörung während der sozialistischen Planwirtschaft in der Ära Ceaușescu, in der zwischen 1960 und 1986 etwa 20 Prozent des Feuchtgebietes trockengelegt wurden. Auf dem fruchtbaren Schwemmland wurde nachfolgend Landwirtschaft betrieben. Ziel war es, das gesamte Donaudelta wirtschaftlich zu nutzen und zu industrialisieren. Es entstanden in den größeren Städten am nördlichen Unterlauf der Donau enorme Industriebetriebe, die auch negative Auswirkungen auf die Natur des angrenzenden Donaudeltas hatten – so verarbeitete man in einem Papierkombinat in Brailă große Mengen Schilf zu Papier. Mit Erntemaschinen wurden nach dem Zufrieren der Gewässer – wie heute wieder dank der Agrarsubventionen der Europäischen Union – täglich bis zu 300 Tonnen Schilf geschnitten, was zu großflächiger Zerstörung von wertvollen Lebensräumen führte.

Im nördlichen Flussarm, dem Chilia-Arm, wird aktuell ein Ausbauprojekt realisiert. Es ist ein Gemeinschaftsprojekt der Europäischen Union mit der Ukraine. Dabei wird dieser Arm der Donau um mehr als einen Meter vertieft, um besonders großen Schiffen mit viel Tiefgang die Passage zu ermöglichen und so Waren wie Getreide über die Donau abzutransportieren. Aus ökologischer Sicht ist das ein sehr bedenkliches Projekt, da die Vertiefung zu einer Absenkung des Wasserspiegels in den nördlichen Bereichen des Donaudeltas führen wird und somit Feuchtgebiete trockenfallen. Auch für den schon erwähnten Urwald von Letea könnte dieses Projekt negative Auswirkungen haben.

Doch trotz großer Eingriffe und Veränderungen sieht man auch heute noch an einigen Stellen im Delta die traditionelle Schilfnutzung, bei der im Winterhalbjahr Schilf zu Bauzwecken geschnitten und auf eigens dafür hergerichteten Plätzen noch wie vor Jahrhunderten, gekämmt, gebündelt und gelagert wird. Völlig verschwunden ist die traditionelle Lehmziegelherstellung. Dafür wurde der Lehm in Formen gestrichen und trocknete einfach in der Sonne. Es war kein Brennen der Ziegel nötig. Ein traditionell errichtetes Fischerhaus im Donaudelta bricht irgendwann zusammen und wird innerhalb weniger Jahre zu Erde. Es entsteht kein Sondermüll wie bei unseren modernen Baustoffen. Die Berufsfischerei, einst der Haupterwerbszweig der Menschen in diesem Gebiet, ist bis auf wenige Reste verschwunden. Noch vor zehn Jahren konnte man diese Dinge in der Dobrudscha und im Donaudelta sehen. Heute sind sie fast verschwunden! Das nennt man wohl Fortschritt und dieser geht meist zu Lasten der Natur und der Traditionen.

Eine Bevölkerungsgruppe, in der sich alte Traditionen noch sehr gut erhalten haben, sind die Lipowener, altgläubige orthodoxe Christen, die vor 300 Jahren aus Russland geflohen sind und sich im Donaudelta ansiedelten. Sie haben sich ihre Sprache bis heute erhalten und feiern an hohen kirchlichen Feiertagen die althergebrachten Traditionen ihrer Religion. Besonders beeindruckend sind die

◂ Bootstourismus (oben) und illegales Camping (unten) im Biosphärenreservat auf dem Grindul Chituc am Schwarzen Meer.

▲ Zu Gast bei einer lipowenischen Familie. Die Lipowener sind eine Untergruppe der russischen Altgläubigen und leben im Donaudelta sowie anderen Teilen Südosteuropas.

◄ Im Winter, wenn der Boden am Gewässerrand gefroren ist, wird das Schilf geschnitten, und die Erntebündel werden zunächst in Pyramiden aufgestellt. Im Frühjahr werden sie aufgearbeitet: Querliegende Halme und Fasern in den Bündeln werden zunächst mit einem kleinen Handrechen entfernt und in verschieden starke Bündel geschnürt. Ein großer Teil der Schilfbündel wird heutzutage nach Mitteleuropa exportiert. Die Schilfarbeiter bekommen einen sehr geringen Lohn für ihre Arbeit.

Schilfarbeiter

Osterprozessionen, bei denen jung wie alt ihre typischen Trachten tragen.
Mit der Auflösung des „Ostblocks“ 1989 fielen die ehemaligen sozialistischen Länder Osteuropas in eine wirtschaftliche Depression, von der die Bewohner des Donaudeltas ganz besonders betroffen waren. Industrie und Fischerei kamen fast zum Erliegen und konnten sich bis in die Gegenwart nicht erholen. Es fehlten die wirtschaftlichen Grundlagen, und bis heute herrscht eine hohe Arbeitslosigkeit. Mit großer Härte traf die freie Marktwirtschaft die Menschen. Die staatlich subventionierten Betriebe brachen zusammen, und die Fischer konnten ihre Produkte kaum noch verkaufen. Viele von ihnen verließen das Donaudelta, um im Ausland zu arbeiten und ihre Familien zu Hause zu versorgen.
Für die Natur bedeutete das Jahr 1989 in gewisser Weise die Rettung. Große Teile des Donaudeltas wurden zum Biosphärenreservat erklärt und genießen seither Schutz. Aber es gibt neue Bedrohungen wie Angel- und Massentourismus, Schnellbootverkehr auf den kleinen Kanälen oder Beweidung mit einem zu hohen Besatz an Rindern und Pferden, die sich gerade in den letzten Jahren negativ auf das Donaudelta auswirken.
Seit dem Zusammenbruch des Sozialismus und damit auch der großen landwirtschaftlichen Betriebe wurden vor allem Pferde „herrenlos“ und leben seither wild im Donaudelta. Pferde gab es auch bereits in den vergangenen Jahrhunderten, wenn auch nicht in diesem Umfang. Seit einigen Jahren kommen noch offiziell Kühe hinzu, für die im Donaudelta nicht genügend Weideflächen vorhanden sind, die aber den Besitzern von der Europäischen Union Kopfprämien einbringen. Genau wie die Pferde bewegen sich die Kühe frei in der Landschaft und beeinträchtigen die natürliche Vegetation zum Teil massiv. Die EU-Subventionen für Rinder im Zeitraum 2023–2027 belaufen sich in Rumänien auf 279,00 € pro Rind für Viehhalter mit mindestens zehn Tieren und sind begrenzt auf maximal 250 Tiere pro Betrieb. Bis 2027 wird der Betrag jährlich um wenige Euros auf am Ende 297,99 € angehoben. Subventioniert werden Landwirte, die von der EU gelistete Rinderrassen halten und die von der EU festgelegten Auflagen (Zuchtbuch, Impfungen, tierärztliche Kontrollen etc.) erfüllen. Rinderzüchter, die die EU-Bedingungen nicht erfüllen, bekommen seit 2023 vom rumänischen Staat (nicht von der EU) pro Rind ein Kopfgeld von 73,00 €. All diese Informationen sind dem am 7.12.2022 von der EU-Kommission genehmigten CAP PLAN 2023–2027 FOR ROMANIA (CAP = „Common Agricultural Policy“) entnommen. Dieser setzt die von der EU-Kommission im „European Agricultural Guarantee Fund“ (EAGF) und „European Agricultural Fund For Rural Development“ (EAFRD) für die Jahre 2021–2027 beschlossene Subventionspolitik für Rumänien um. In den verschiedenen Stellungnahmen der EU-Kommission zu dem ihr von der rumänischen Regierung zur Genehmigung vorgelegten Entwurf des CAP PLAN 2023–2027 findet sich keine Aussage zur Viehhaltung in Naturschutzgebieten, weder zu Rindern noch zu Schafen und Ziegen, deren Haltung ja ebenso subventioniert wird.


▸ Illegale Beweidung im Schutzgebiet (oben) und Pferde in Letea (unten).

# Dobrudscha

# Die trockenen Lebensräume und Steppen der Dobrudscha

Die Dobrudscha befindet sich im Südosten Rumäniens, etwa 200 Kilometer von der Hauptstadt Bukarest entfernt. Das Gebiet liegt zwischen der Schwarzmeerküste und dem breiten Niederungsgebiet der unteren Donau, dem Balta. Im Norden, unmittelbar an der Grenze zur Ukraine, breitet sich das Donaudelta aus. Der kleine südliche Teil der Dobrudscha reicht noch in den Nordosten Bulgariens hinein. Neben dem etwa 245 Kilometer langen Küstenstreifen und dem ausgedehnten Donaudelta besteht die rumänische Norddobrudscha aus einem bis über 400 Meter hohen, aus tertiären Kalken und einer Lössschicht aufgebautem Tafelland. Im Osten liegen verstreut zahlreiche Brack- und Süßwasserseen. Es sind überaus wertvolle Feuchtgebiete, die größtenteils zum Biosphärenreservat Donaudelta gehören. Im Norden der Dobrudscha erheben sich die bis 467 Meter hohen Berge des Măcin (Muntii Măcinului), einem Gebirgszug aus Granit und paläozoischen Gesteinen.

Das Innere der Dobrudscha war einst wegen der mächtigen Lössdecke eine waldreiche und fruchtbare Region. Durch starke Rodungen in früheren Zeiten hat sie sich allmählich in einen trockenen steppenartigen Landstrich verwandelt. Heute prägen überwiegend weite Getreidefelder das Bild dieser Kulturlandschaft. Das milde Klima und ausgedehnte Bewässerungsanlagen liefern hohe Erträge von Getreide, Baumwolle, Wein und Sonnenblumen. Die Dobrudscha ist eine der Getreidekammern Rumäniens. Bis vor wenigen Jahren wurde hier traditionelle Landwirtschaft betrieben. Mit dem Beitritt Rumäniens zur Europäischen Union 2007 hat sich das grundlegend geändert. Große Agrarkonzerne aus Westeuropa, Amerika oder China haben die Federführung des Ackerbaus mit den allgemein bekannten negativen Folgen für Landschaft und Tierwelt übernommen.

## Klima

Die Dobrudscha ist vor allem von kontinentalem Klima geprägt, das im Hinterland des Donaudeltas nicht mehr so stark wie im direkten Mündungsbereich von maritimen Einflüssen gemildert wird. Das trockene Klima begünstigt die Versteppung, die durchschnittlichen Jahresniederschlagsmengen um Constanța liegen allerdings mit 420 Millimetern etwas höher als im unmittelbaren Mündungsbereich der Donau. Im Winter kann es sehr kalt werden und die Temperaturen fallen dann auf weniger als

▲ Vorherige Doppelseite: Sanfte Hügel prägen vielerorts das Bild der Dobrudscha-Steppe. Die Burg Heraclea bei Enisala blickt auf eine über tausendjährige Geschichte zurück.

▸ Alte Kulturlandschaft in der Dobrudscha. Die Terrassierung zeigt deutlich die landwirtschaftliche Nutzung in vorigen Jahrhunderten. Heute wachsen hier artenreiche Steppenrasen.

MINI MARKET
LaDoiPași
LA MILICA
Drum
Centură

minus 20 °C. Das bewirkt regelmäßig das Zufrieren der Gewässer, in besonders strengen Wintern auch das Zufrieren der Donau. Im Gegensatz zum Deltainneren weht in den Steppengebieten ein ständiger Wind, vorherrschend aus Nordost (Kahl 2018).

## Besiedlung der Dobrudscha – Schmelztiegel vieler Ethnien und Kulturen

Die Dobrudscha ist eines der ältesten Siedlungsgebiete in Europa und war schon im 6. und 5. Jahrtausend vor Christus besiedelt, wie archäologische Funde aus der Jungsteinzeit belegen. Die Donau mit ihren zahlreichen Verzweigungen und Nebenarmen wurde wohl schon im Meso- und im Neolithikum als Verkehrsnetz genutzt, über das sowohl Handel als auch soziale Kontakte abgewickelt wurden. Historiker sprechen von der sogenannten „Donauzivilisation“. Die neolithischen Siedlungen Südosteuropas standen in regem Kontakt miteinander (Haarmann 2014). Die ältesten Belege menschlicher Besiedlung in unmittelbarer Umgebung des Deltas wurden an den Seen von Razim und Sinoie gefunden.

Im 7. Jahrhundert vor Christus kamen die Griechen in das Gebiet am Schwarzen Meer. Sie nannten es *Pontos Euxeinos* (lat. *Pontus Euxinus*) und gründeten erste griechische Kolonien an der Südwestküste des Schwarzen Meeres und an der unteren Donau. Zu dieser Zeit lebten im Mündungsbereich der Donau Daker, Thraker und Skythen, letztere ein Volksstamm iranischer Herkunft. Durch Vertreibung der Skythen entstanden 700 vor Christus erste dauerhafte griechische Kolonien wie beispielsweise Istros (heute die Ausgrabung Histria), Tomis (heute Constanța) oder Kallatis (heute Mangalia). Neben Handel und Ackerbau wurde von den Griechen vor allem die Seefahrt betrieben. Sie besaßen schon eine erstaunliche Kenntnis über die Küsten des Schwarzen Meeres. Nur wenig südlich der Donaumündung war Histria für viele Jahrhunderte wirtschaftliches und kulturelles Zentrum am Westufer des Schwarzen Meeres.

Nach der Herrschaft der Griechen folgten ab der Mitte des 1. Jahrhunderts nach Christus die Römer, die hier die Provinz Mösien gründeten und bis zur Mitte des 3. Jahrhunderts nach Christus ausharrten. Schwerpunkt des Handels während dieser Epoche waren die Festungen Halmyris bei Murighiol sowie Salsovia und Aragmum, am südlichen Donauarm (Sfântu-Gheorghe-Arm) gelegen. Der Trajanswall, eine römische Befestigungsanlage, benannt nach Kaiser Trajan (98–117), endete im nördlichen Donaudelta.

Vom 5. bis zum 7. Jahrhundert gab es verstärkt Einfälle von Steppenvölkern, die auch die einst blühenden römischen Siedlungen vernichteten. Goten, Hunnen, Bulgaren, Mongolen und andere beherrschten abwechselnd das Gebiet. Bis ins 13. Jahrhundert hinein stand der Landstrich zwischen Donau und Schwarzem Meer abwechselnd unter byzantinischer und bulgarischer Herrschaft. Im 15. Jahrhundert siedelte an der unteren Donau die walachisch-moldauische Bevölkerung, während das

◂ Noch vor wenigen Jahren gab es in den Dörfern der Dobrudscha kaum befestigte Straßen. Mit Geldern der Europäischen Union wurden sie weitgehend asphaltiert. Anblicke solcher ursprünglichen Wege gehören der Vergangenheit an (oben).
Massive und teilweise erdbebensichere Plattenbauten aus der sozialistischen Ära prägen vielerorts das Stadtbild. Heute ist die ländliche Dobrudscha ein Gemisch aus alter traditioneller Bauweise und neuer Architektur (unten).

Donaudelta selber weiterhin kaum bewohnt war. Einzig an den drei Mündungsarmen gab es schon Siedlungen. Den ältesten Beleg einer Siedlung im Mündungsbereich gibt es für Sulina. Dieser stammt von einer Meereskarte um das Jahr 950. Chilia Veche und Sfântu Gheorghe werden im 14. Jahrhundert erstmals erwähnt, wenngleich sie vermutlich älter sind. Für diese Zeit sind an der unteren Donau auch schon turksprachige Völker (Turkmenen, Alttataren, Türken) nachgewiesen.

Ab dem 16. Jahrhundert wanderten verstärkt Armenier, Roma und Juden, hauptsächlich aus osmanisch beherrschten Territorien, ein. Im 17. Jahrhundert traten in der Dobrudscha zunehmend russischsprachige Altgläubige auf, die die Kirchenreform des russischen Patriarchen Nikon ablehnten. Es verließen etwa eine Million Altgläubige das Zarenreich, und ein Teil davon siedelte sich in der nördlichen Dobrudscha an, wo sie noch heute als Lipowener zu finden sind. Mit dem Ende des russisch-osmanischen Krieges 1774 flüchteten etwa 5 000 ukrainische Kosaken vor der Deportation nach Sibirien ins Donaudelta. Sie gründeten dort unter osmanischer Herrschaft die Donaukosaken. Deren Nachfolger finden wir noch heute als Chacholen im Donaudelta.

Im 18. Jahrhundert siedelten sich vermehrt Bulgaren in der Dobrudscha und Bessarabien an. Die Bulgaren wurden später aus der rumänischen Dobrudscha wieder vertrieben, während sich die bulgarischen Siedlungen in der Ukraine bis heute erhalten haben. Nach weiteren Kriegen zwischen 1806 und 1812 einigte man sich auf den Grenzverlauf zwischen der osmanisch beherrschten Dobrudscha und dem russischen Zarenreich entlang des Chilia-Armes, ab 1829 entlang des Sfântu-Gheorghe-Arms.

In dieser Zeit wandern auch deutsche Siedler über Bessarabien und Südrussland in die Dobrudscha ein. Immerhin gab es 1915 in der Dobrudscha noch etwa 15 000 Personen deutscher Herkunft.

Mit der Beendigung des Krimkrieges 1856 durch den dritten Pariser Frieden fiel das gesamte Donaudelta wieder unter osmanische Herrschaft. Der letzte russisch-osmanische Krieg endete 1878 mit der endgültigen Niederlage der Türken, und es kam erneut zu territorialen Veränderungen. Die Großmächte entschieden 1878 auf dem Berliner Kongress, Rumänien als souveränen Staat anzuerkennen. Im Zuge dieser Veränderung wurde die Dobrudscha in einen nördlichen und einen südlichen Teil getrennt. Der nördliche umfasste den heute noch zu Rumänien gehörenden Teil der Dobrudscha mit dem Donaudelta und der südliche Teil die heutige bulgarische Dobrudscha. Nach dem Balkankrieg 1912/13 annektierte Rumänien den bulgarischen Teil der Dobrudscha, der aber 1940 während des Zweiten Weltkrieges wieder an Bulgarien zurückfiel. Seither haben sich die Grenzen nicht mehr verändert.

Dieser kurze Abriss der Geschichte des Gebietes der Dobrudscha und des Donaudeltas zeigt in schier unüberschaubarer Weise, welche ethnischen Gruppen über die Jahrtausende dieses Gebiet besiedelten, eroberten und kulturell prägten. Die ethnische Vielfalt spiegelt sich noch heute vor allem in den Orts- und Flurnamen besonders gut

◂ Im Land herrscht die autochthone rumänisch-orthodoxe Kirche vor. Nach dem Zusammenbruch des kommunistischen Systems wurden viele Kirchen restauriert und noch mehr neu errichtet. In der Dobrudscha findet man neben älteren viele neue aktive Klöster, wie das von Codru nahe Babadag (oben).
Die Moschee in Babadag ist eines der Relikte aus der über Jahrhunderte andauernden osmanischen Herrschaft (unten).

wider, denn die meisten Ortschaften haben ihre alten Namen beibehalten. Aufgrund der wechselvollen Geschichte des Gebietes gibt es kaum rumänische Ortsnamen in der Dobrudscha. Im Donaudelta, entlang des Sulina-Armes, fallen vor allem griechische Ortsnamen wie Papadia (Priesterfrau) oder Caloghero (Mönch) auf, da Sulina bis Anfang des 20. Jahrhunderts vor allem griechisch besiedelt war. Auf die lange türkische Herrschaft im Gebiet weisen Ortsnamen wie Babadag (Vaterberg), Murighiol (Violetter See), Caraorman (Schwarzer Wald), Beștepe (Fünf Hügel) oder Sarichioi (Gelbes Dorf) hin. Eindeutig slawische Ortsbezeichnungen sind Cerna (schwarz), Vylkove (Wolf), Prislav (ruhmvoll) oder Trestenic (Schilf). Hier kann nicht nachvollzogen werden, aus welcher slawischen Sprache sie stammen.

Ausführlichere Beschreibungen zur Geschichte und Besiedlung der Dobrudscha und des Donaudeltas sind bei Kahl (2018) nachzulesen. Diesem Werk wurden auch die hier niedergeschriebenen historischen Daten entnommen.

## Religion

Die ethnische Diversität, die über Jahrhunderte die Dobrudscha prägte, ließ eine kulturelle und auch religiöse Vielfalt entstehen. Noch bis vor 100 Jahren galt die Dobrudscha als das erstaunlichste ethnische Mosaik Europas, heute ist sie zu 90 Prozent rumänisch. Minderheiten von Lipowenern, Tataren und Türken erinnern noch an diese Vielfalt.

Der größte Teil der Bevölkerung ist Mitglied der orthodoxen Kirche Rumäniens, die seit 1875 unabhängig ist und ein eigenes Patriarchat bildet. Vorfahren der Altgläubigen bzw. Lipowenen der Dobrudscha waren im 17. und 18. Jahrhundert vor der religiösen Verfolgung durch den Zaren und den mit ihm verbundenen hohen orthodoxen Klerus aus Russland in das Osmanische Reich geflohen. Ihre Kirche nennt sich heute „Russische-Orthodoxe Kirche nach altem Ritus“ .

Gegenüber der orthodoxen Kirche stellen die Anhänger der römisch-katholischen Kirche in der Dobrudscha eine Minderheit dar. Durch die Jahrhunderte andauernde Herrschaft der Türken in der Region gab es in der Vergangenheit auch einen größeren Bevölkerungsanteil mit muslimischem Glauben. Davon zeugen noch heute Moscheen und Minarette in den größeren Städten wie Tulcea oder Babadag. Mit dem Balkanpakt von 1934 wurde die religiöse Eigenständigkeit der Muslime in der Dobrudscha stark eingeschränkt, was 1936 zum Abschluss eines rumänisch-türkischen Vertrages führte. Daraufhin siedelten etwa 100 000 Muslime aus der Dobrudscha in die Türkei um (Henkel 2015). Heute ist der Anteil an Muslimen in der Dobrudscha gering.

▸ In der Nacht zum Ostersonntag finden sich die traditionell gekleideten Gläubigen in ihrer Kirche zum Gottesdienst ein. Um Mitternacht werden Osterkerzen angezündet und der Priester verkündet: „Hristos a înviat“ – Christus ist auferstanden (oben).
Nach dem Gottesdienst am Ostersonntag in Jurilovca schreiten der Bischof und die Priester der russisch-orthodoxen Kirche nach altem Ritus zur Segnung der aufwendig gebackenen Osterküchlein, den sogenannten Păscuțe (unten).

# Steppen als Reste einer artenreichen Kulturlandschaft

Die Dobrudscha gehört zu den ältesten Kulturlandschaften Europas. Ihre Erschließung begann schon im 6. und 5. Jahrtausend vor Christus. Mit den Griechen, die vor über 2500 Jahren an der Schwarzmeerküste landeten und den Handelsposten Histria gründeten, begann auch die Waldrodung, die sich über die Jahrhunderte fortsetzte und die Voraussetzung für die Ausbildung großflächiger Steppengebiete schaffte. Die Steppen sind ein Produkt der Waldrodung und der folgenden, über Jahrhunderte betriebenen Beweidung (Horvat et al. 1974). Aktuell gibt es nur noch Steppenreste, die sich auf die trockensten Lagen oberhalb der Talhänge beschränken. Die meisten Flächen werden heute intensiv landwirtschaftlich genutzt. In den Steppenresten sind salzhaltige Böden zu finden, auf denen verschiedene Beifußarten (Artemisia) typisch sind. Sie bilden ausgedehnte Beifußsteppen. Häufige Grasarten sind Schwingel (Festuca) und Trespen (Bromus). Typische Grasart in den Lössgebieten ist das Federgras (Stipa), dazu

▸ Weitläufige Grassteppen sind in der Dobrudscha nur noch selten zu finden.

kommen zahlreiche Blütenpflanzen wie beispielsweise Frühlings-Adonisröschen (*Adonis vernalis*), Klatsch-Mohn (*Papaver rhoeas*) oder Acker-Steinsame (*Buglossoides arvensis*), um nur einige zu nennen. Eine Besonderheit ist die Steppen-Pfingstrose (*Paeonia tenuifolia*), die auch als Schmalblättrige oder Netzblatt-Pfingstrose bezeichnet wird. Von Ende April an blüht sie vorwiegend in den Steppenrasengebieten in lockerer Waldsteppe oder an ehemaligen Waldstandorten, und es ist ein ganz besonderes Erlebnis, die dunkelroten Blüten auf den Flächen leuchten zu sehen.

Auf den für die Landwirtschaft ungeeigneten, flachgründigen und steinigen Flächen wird seit Jahrhunderten Weidewirtschaft mit Schafen und Rindern betrieben. Sie sind die Existenzgrundlage für die Hirten. Diese beweideten Gebiete stellen heutzutage die Rückzugsorte für eine noch reiche Vielfalt an Insekten, Reptilien, Vögeln und Kleinsäugern dar.

‣ Steppen-Pfingstrosen (*Paeonia tenuifolia*) blühen sehr früh im Jahr und werden von zahlreichen Insekten besucht: Krabbenspinne mit erbeuteter Wildbiene (oben). Marienkäfer (unten).

‹ Nymphe einer Östlichen Haubenfangschrecke (*Empusa fasciata*) auf einer Knospe der Steppen-Pfingstrose (*Paeonia tenuifolia*). Die Nymphen schlüpfen im Sommer und vollenden ihre Entwicklung im darauffolgenden Frühling. Ausgewachsene Exemplare treten von Mai bis Ende Juni auf.

▲ Steppen-Pfingstrosen (*Paeonia tenuifolia*) findet man in Waldsteppen oder an ehemaligen Waldstandorten.

◀ Kugelköpfiger Lauch (*Allium sphaerocephalon*; oben) und Steppen-Thymian (*Thymus pannonicus*; unten) sind neben vielen anderen typische Steppenpflanzen.

# Karsttäler und Steppenwälder

Karstbildungen entstehen durch die Auflösung wasserlöslicher Gesteine wie Kalkstein oder Gips. Schöne Beispiele für ausgeprägte Karsttäler sind das Slava-Tal und das Naturreservat der Cheile Dobrogei. Die Täler sind tief in die Lössebenen eingeschnitten und es sind Kalksteinformationen freigelegt. Hier bildeten sich zum Teil sehr beeindruckende Felswände und auch frei stehende Felsnadeln aus. Diese Gebiete sind landschaftlich außergewöhnlich, sie beherbergen auch eine faszinierende Tier- und Pflanzenwelt. Meist werden sie von kleinen Bächen durchflossen, die bei Starkregen auch massiv anschwellen können. Die flacheren Hangbereiche der Täler werden oft beweidet und tragen die typische Steppenvegetation. Auf den Felsköpfen, Hochebenen und den Steilhängen finden wir die typischen artenreichen Steppenwälder, die als Laubmischwälder ausgebildet sind. Diese Wälder bestehen vor allem aus verschiedenen Eichen-Arten (*Quercus* spec.), an wenigen besonders feuchten Standorten gar Relikte von Rotbuchen (*Fagus sylvatica*), Hainbuchen (*Carpinus betulus*)

▸ Tal und Anhöhen im Karstgebiet der Cheile Dobrogei.

Karstgebiete und Steppen

▾ Folgende Doppelseite: Die Hügel und Schluchten im Karstgebiet der Cheile Dobrogei befinden sich im Kreis Constanța.

sowie Feld- und Spitz-Ahorn (*Acer campestris, A. platanoides*). Auf den meist nährstoffarmen und flachgründigen Standorten erreichen sie nur geringe Wuchshöhen und bilden viel Krummholz aus.

Der größte zusammenhängende Steppenwald in der Region ist das Waldgebiet im Babadag-Hochland mit einer Ausdehnung von 618 Hektar. In den Wäldern der Dobrudscha gibt es neben den für das Măcin-Gebirge beschriebenen Vorkommen von Vögeln und Reptilien auch eine reiche Insektenfauna. Als Beispiele seien die seltene und urig aussehende Kupferpanzerschrecke (*Bradyporus dasypus*; siehe S. 154/155) und die vom Aussterben bedrohte Große Sägeschrecke (*Saga pedo*) genannt. Letztere gehört zu den größten und zugleich seltensten Insekten Europas. Auch die Schmetterlings- und Käferfauna ist reich an Arten. Grund dafür ist der weitgehend ungenutzte Wald mit einem artenreichen Baumbestand in verschiedensten Altersstadien und einem hohen Totholzanteil.

In den Karstgebieten und Wäldern finden sich zudem zahlreiche Pflanzen. Hier kommt neben der seltenen Steppen-Pfingstrose (*Paeonia tenuifolia*) auch die Balkan-Pfingstrose (*Paeonia peregrina*) vor. Einige besondere Arten der Orchideen sind das Affen-Knabenkraut (*Orchis simia*), Rotes Waldvöglein (*Cephalanthera rubra*), Pyramidenorchis (*Anacamptis pyramidalis*), Purpur-Knabenkraut (*Orchis purpurea*. Mit seinen leuchtend gelben Blüten erfreut mit dem Frühlings-Adonisröschen (*Adonis vernalis*) ein weiterer markanter Vertreter der Steppenflora unser Auge.

◂ Steppenwald im Hochland südöstlich und westlich von Babadag.

▸ Das Rote Waldvöglein (*Cephalanthera rubra*) gehört zu den auffälligsten Orchideen der Dobrudscha. Es ist in ganz Europa bis zur Krim und zum Kaukasus verbreitet.

▲ Die etwa 5–6 Millimeter großen Männchen der Röhrenspinne (*Eresus* cf. *moravicus*) sind durch ein oberseits rotes Abdomen (Hinterleib) mit vier schwarzen Punkten auffällig gefärbt. Nur das erste Beinpaar ist schwarz gefärbt und trägt auffällige weiße Ringe. Die Spinne gräbt bis zu 10 Zentimeter tiefe Wohnröhren im Boden, die mit Spinnenseide ausgekleidet werden.

◂ Die Große Sägeschrecke (*Saga pedo*) gehört zu den größten und zugleich seltensten Insekten Europas. Sie lebt räuberisch und erbeutet kleinere Heuschrecken. Die Tiere erreichen eine Größe von 7–9 Zentimeter. Hinzu kommt die Legeröhre, die nach der letzten Häutung bis zu 3,5 Zentimeter lang ist. Die Fortpflanzung erfolgt nahezu ausschließlich parthenogenetisch: Aus unbefruchteten Eiern schlüpfen wiederum ausnahmslos Weibchen.

▲ Auf den Trockenrasen der Waldsteppe findet man typischerweise die Pyramidenorchis (*Anacamptis pyramidalis*) und Federgras.

▸ Der Violette Dingel (*Limodorum abortivum*; links) blüht in den lichten Wäldern, Gebüschen und Wiesen der Dobrudscha. Das Affen-Knabenkraut (*Orchis simia;* rechts) gedeiht am besten auf kalkreichen, trockenen, humushaltigen und tiefgründigen Lehm- oder Lössböden.

## Kupferpanzerschrecke

Die zur Familie der Laubheuschrecken (Tettigoniidae) gehörende Kupferpanzerschrecke (*Bradyporus dasypus*) lebt in Steppen und offenen Eichenwäldern mit Lichtungen. Die Heuschrecke kommt sehr gut mit extensiv bewirtschafteten landwirtschaftlichen Flächen zurecht, auf denen kleine Eichenwälder mit Viehweiden, Getreideäckern und Brachflächen abwechseln. Diese kleinteilig strukturierten Biotope gehen in der Landschaft Südosteuropas zunehmend verloren. Eine intensivere Ackernutzung ohne Stoppelbrachen und Brachlandanteil bringt *Bradyporus dasypus* schnell zum Verschwinden. Negativ wirkt sich zudem der Rückgang der Waldbeweidung und dem darauffolgenden Zuwachsen der Waldsteppen aus. In der Folge ist diese etwa 6 Zentimeter große Laubheuschrecke in vielen Gebieten des Balkans ausgestorben, beispielsweise in Ungarn, dem größten Teil Serbiens, in Teilen Rumäniens sowie vermutlich auch in Montenegro. Allerdings war *Bradyporus dasypus* offenbar nie häufig und wurde in jüngster Zeit noch in Albanien, Nordgriechenland, Nordmazedonien, Bulgarien, Südostrumänien (Dobrudscha) und im europäischen Teil der Türkei nachgewiesen.
Die eigenartige und plump wirkende Laubheuschrecke entwickelt sich früh im Jahr, sodass erste Imagines (das letzte, erwachsene und geschlechtsreife Lebensstadium eines Insekts nach der Metamorphose) bereits Ende Mai auftreten. Schon im Juli werden sie wieder seltener und sind in der Dobrudscha kaum noch zu finden. Man wird auf die Tiere, die oft tief in der Vegetation, aber auch auf niedrigen Ästen sitzen, meist nur durch ihre Gesänge aufmerksam. Männchen erzeugen mittels Stridulation (Geräuscherzeugung durch Aneinanderreiben von Körperteilen) ein hohes Sirren, das bereits mit Sonnenaufgang beginnt und bevorzugt abends bis in die Nacht hinein vorgetragen wird.
Die Paarungsdauer ist mit 5–7 Stunden für Laubheuschrecken recht lang. Weibchen legen mit ihrem langen Ovipositor (Eiablageapparat) etwa 100 Eier bis zu 8 Zentimeter tief im Boden ab.

# Das Măcin-Gebirge

Der Nationalpark Măcin-Gebirge wurde im Jahr 2000 gegründet und umfasst eine Fläche von 111,51 Quadratkilometern. Das im Zuge der herzynischen Orogenese vor 380–400 Millionen Jahren entstandene Gebirge erreicht heute noch Höhen von 427 Meter. Der Hauptteil des Gebirges erstreckt sich auf einer Länge von 40 Kilometer und besitzt das Aussehen einer Hügellandschaft, aus der zehn über 400 Meter hohe Gipfel herausragen.

Das Măcin-Gebirge liegt westlich des Donaudeltas in der nördlichen Dobrudscha und wird von der Donau auf ihrem Weg zum Schwarzen Meer umflossen. Es ist ein beliebtes Wandergebiet mit einem ausgewiesenen Wegenetz. Das kleine Gebirge mit seinen kahlen und trockenen Höhenzügen gehört zu den trockensten Regionen Rumäniens. Im Gebiet wurden 562 Pflanzenarten nachgewiesen, von denen viele zu den Sukkulenten gehören. Sie sind an die trockensten Verhältnisse angepasst. Einige von ihnen erreichen im Măcin-Gebirge ihre nördliche Verbreitungsgrenze. Erwähnenswert sind außerdem das bedrohte Clusius-Schneeglöckchen (*Galanthus plicatus*) oder das Felsen-Steinkraut (*Aurina saxatilis*). Zwei in Rumänien endemische und vom Aussterben bedrohte Arten sind die Dobrudscha-Glockenblume (*Campanula romanica*) und

▸ Măcin-Gebirge mit der Donau (links im Hintergrund).

▲ Der Schwarze Apollo (*Parnassius mnemosyne*) bei der Paarung. Wegen der hohen Ansprüche an das Biotop ist diese Art nicht häufig.

◀ Der Schwarzbraune Trauerfalter (*Neptis sappho*; oben) ist eine südosteuropäisch-asiatische Art und der einzige gleitende Tagfalter, der in Europa heimisch ist. Zwischen seinen Gleitflügen ruht er nur kurz auf Büschen oder Bäumen. Der Falter saugt vorwiegend an feuchten Bodenstellen.
Die Kupferglucke (*Gastropacha quercifolia*; unten) ist ein Nachtfalter. In Ruheposition schiebt der Falter die Hinterflügel unter den Vorderflügeln hervor.

die Dobrudscha-Nelke (*Dianthus nardiformis*). Im Frühjahr kann man auf den kalkreichen steinigen Hängen die Balkan-Pfingstrose (*Paeonia peregrina*) finden. Die unteren Hangbereiche sind stellenweise mit Trockenwäldern und Gebüschen bestanden. Neben den im vorherigen Kapitel erwähnten Baumarten der Steppenwälder wachsen hier die eher seltene Flaum-Eiche (*Quercus pubescens*) und Linden. Im Buchenwald (Valea Fagilor) befindet sich neben Reliktbeständen der Rotbuche (*Fagus sylvatica*) aus feuchteren Zeiten der einzige Standort der Krim-Buche (*Fagus taurica*) außerhalb der Krim.

Für Reptilien bietet dieses Gebiet reich strukturierte Lebensräume. Neben Östlicher Smaragdeidechse (*Lacerta viridis*) und Riesensmaragdeidechse (*Lacerta trilineata dobrogica*) sowie der Östlichen Vierstreifennatter (*Elaphe sauromates*) sind hier vor allem die guten Bestände der Maurischen Landschildkröte (*Testudo graeca*; siehe S. 170/171) erwähnenswert. Auf den steinigen, südexponierten und sonnigen Hangbereichen treffen wir auch Zauneidechse (*Lacerta agilis*) und Taurische Eidechse (*Podarcis taurica*) an. Einen besonderen Artenreichtum weisen die Schmetterlinge im Măcin-Gebirge auf. Bei einer Untersuchung in den 1990er-Jahren konnten über 941 Arten nachgewiesen werden (Raskosy & Wieser 2000).

Bei einer Reise in die Dobrudscha sollte man das Măcin-Gebirge unbedingt besuchen. Neben den schon genannten Naturschätzen hat man von dort aus herrliche Ausblicke in die Donauauen und auf das Donaudelta. Auch ein Besuch der Weinkeller ist zu empfehlen. Um das Măcin-Gebirge herum wird ein sehr delikater Wein gekeltert.

▸ Der Mittlere Perlmuttfalter (*Fabriciana niobe*) lebt an Waldrändern und auf den Trockenrasen der Waldlichtungen.

# Reptilien – Spezialisten trockener Lebensräume

Reptilien sind Bewohner der trockenen Lebensräume und daher arten- und individuenreich in der Dobrudscha vertreten. Geeignete Habitate sind vor allem Steppenwälder mit ihren Grassteppenlichtungen, Karsttäler mit felsigen und von Sträuchern durchsetzten Hängen, die vielerorts angrenzenden Steppenflächen wie die an den Hängen des Măcin-Gebirges. Hier finden Maurische Landschildkröte (siehe S. 170/171), Östliche Smaragdeidechse, Europäische Hornotter und viele andere Arten ausgezeichnete Bedingungen mit sonnigen Plätzen und geeigneten Rückzugsorten mit einer Vielzahl an Versteckmöglichkeiten. Derart wertvolle Lebensräume bieten zudem ein reiches Nahrungsangebot.
Aber auch in der weitläufigen, lebensfeindlichen „Agrarwüste" der Dobrudscha finden Reptilien kleine ökologische Nischen, wenngleich ihre Lebensbedingungen in diesen Habitaten weitaus ungünstiger sind. Diese Lebensräume sind auf Feldraine oder ungenutzte Streifen um alte Bewässerungsanlagen, bewachsene Straßenränder oder

◂ Das Gift der 60–80 Zentimeter großen Europäischen Hornotter (*Vipera ammodytes*) gilt als eines der stärksten unter den europäischen Vipern und kann bei geschwächten Personen zum Tode führen. Bei Annäherung oder Bedrohung zieht sich die Schlange in ihr meist unterirdisches Versteck zurück. Oft vertraut sie aber ihrer Tarnung und bleibt einfach liegen.

Ortsränder beschränkt, die oft nicht breiter als 2–3 Meter sind. Aus der unmittelbaren Nachbarschaft zu den Straßen resultieren immer wieder Verkehrsopfer, die gerade im Frühjahr häufig auftreten.

Die Kaspische Pfeil- oder Zornnatter (*Dolichophis caspius*) ist eine ungiftige Schlange, die gern Acker- und Feldränder bewohnt. Oft findet man im Frühsommer überfahrene Tiere, die sich auf den Straßen sonnten und von heranfahrenden Autos überrascht wurden. Die Kaspische Pfeilnatter gehört mit Längen von über 180 Zentimeter zu den größten Schlangen Europas und kann in Ausnahmefällen sogar 250 Zentimeter übertreffen. Man findet sie zudem auf trockenen, mit Büschen bewachsenen, steinigen Hängen und Wiesen, wobei die Beobachtung dieser scheuen Schlange nicht einfach ist. Bei der Bevölkerung ist sie nicht unbedingt beliebt, da sie ihr wildes Imponiergehabe auch gegenüber Pferden oder Weidetieren zeigt.

Im felsigen, steppenartigen Hügelland und in den Steppenwäldern lebt die Östliche Vierstreifennatter (*Elaphe sauromates*), früher eine Unterart der Vierstreifennatter (*Elaphe quatourlineata*). Die durchschnittliche Länge liegt bei 150–170 Zentimeter. Auch bei dieser kräftig gebauten, ungiftigen Schlange sind Exemplare bis zu 250 Zentimeter bekannt. Sie ist netzartig, fleckig gemustert und bewegt sich oftmals nur langsam und bedächtig voran. Sie kann hervorragend klettern und jagt sowohl im Geäst als auch in den felsigen Hängen der Karsttäler.

Ähnliche Lebensräume in der Dobrudscha werden von der Schlingnatter (*Coronella austriaca*) besiedelt, die mit ihrer meist braunen bis grauen Grundfarbe und ihren parallel angeordneten, gegeneinander versetzten dunklen Flecken sehr gut an den Untergrund angepasst ist. Mit einer Länge von 60–75 Zentimeter gehört sie zu den kleinsten Schlangen Europas.

An sonnigen und südexponierten Standorten wie in buschreichen Hängen der Karsttäler, aber auch im lichten Laubwald und an Straßenböschungen trifft man die Äskulapnatter (*Zamenis longissimus*) an. Die bis zu 200 Zentimeter lange, ungiftige Schlange ernährt sich von Eidechsen und kleinen Säugern bis zu Rattengröße, die vor dem Verschlingen durch Erdrosseln getötet werden. Sie kann geschickt und ausgiebig im Strauchwerk oder auf Bäumen klettern und erbeutet hierbei vor allem Vögel oder Jungtiere und Eier aus den Nestern. Benannt wurde die Schlange nach dem griechischen Gott Äskulap, um dessen Stab sich die Äskulapnatter als Symbol der Heilung windet.

Die 60–80 Zentimeter lange Europäische Hornotter (*Vipera ammodytes*) ist gut an einem über der Nase liegenden beschuppten Horn zu erkennen und lässt sich daher einfach von anderen Schlangenarten der Dobrudscha unterscheiden. Sie ist vor allem auf trockenen, felsigen und mit Büschen bewachsenen Hängen anzutreffen. Solche Lebensräume finden sich beispielsweise im Măcin-Gebirge oder in den Karsttälern bei Gura Dobrogei. Nicht selten kann man sie auch in den Steppenwäldern im Slava-Tal oder im Babadag-Wald beobachten. Bei Annäherung durch Menschen oder Weidetiere zieht sich die Schlange in ihr meist unterirdisches Versteck zurück. Oft vertraut sie jedoch ihrer Tarnung und bleibt einfach liegen. Sie gilt als eine der giftigsten Schlangen Europas. Ihr Biss ruft Lähmungen

▸ Die Kaspische Pfeil- oder Zornnatter (*Dolichophis caspius*) zählt mit Längen von über 180 Zentimeter zu den größten Schlangen Europas und kann in Ausnahmefällen sogar 250 Zentimeter übertreffen. Sie lebt bevorzugt auf trockenen, mit Büschen durchsetzten steinigen Hängen und an Ackerrändern.

und Kreislaufzusammenbrüche hervor. In wenigen Fällen – bei gesundheitlich geschwächten Personen – kann ihr Gift auch zum Tode führen. Die Hornotter ist wie die meisten Schlangen in der Dobrudscha in den vergangenen Jahren seltener geworden. Der Lebensraumverlust infolge der intensivierten Bewirtschaftung, der vielerorts einen Umbruch von Steppenflächen und Weideland nach sich zog, oder der Einsatz von Giften in der Landwirtschaft sind die hauptsächlichen Faktoren.

Die Westliche Sandboa (*Eryx jaculus*) ist die einzige Riesenschlange, die in Europa heimisch ist. Mit einer maximalen Länge von 80 Zentimeter, viele Tiere werden allerdings nur 60 Zentimeter, wird diese Boa ihrem Familiennamen nicht unbedingt gerecht. Ihre Beute sind Kleinsäuger, Echsen oder Jungvögel von Bodenbrütern. Sie werden vor dem Verschlingen mehrfach durch ihren muskulösen Körper umschlungen und erdrosselt. Kleinere Beute wird sofort verschlungen. Die Nominatform (*Eryx jaculus jaculus*) lebt in Nordafrika, Syrien und Israel. Auf dem Balkan und in der Türkei handelt es sich um die Unterart (*Eryx jaculus*

▲ Taurische Eidechsen (*Podarcis taurica*) sind Einzelgänger und leben auf besonnten Waldlichtungen oder im Brach- und Kulturland. Trotz ihrer weiten Verbreitung in der Dobrudscha sind sie nicht einfach zu finden.

◂ Die Johannisechse (*Ablepharus kitaibelii*) ist ein kleiner Skink mit einer Länge von etwa 12 Zentimeter. Als Bewohner der Falllaubschicht ist sie mit ihrer farblichen Anpassung gut getarnt. Sie bewegt sich geschickt schlängelnd fort, wobei die Arme und Beine an die Körperseiten angelegt werden.

*turcicus*). In Rumänien liegt das einzige Vorkommen dieser Art in der Dobrudscha, die zugleich die Nordgrenze des Gesamtverbreitungsareals darstellt. Die wenigen Nachweise der Sandboa in Rumänien wurden in der südlichen rumänischen Dobrudscha überwiegend in der Donauniederung erbracht. Als Bewohner des Tief- und Hügellandes bevorzugen sie wegen ihrer grabenden Lebensweise meist lockere und sandige Böden mit spärlicher Vegetation. Der einzige Nachweis einer Sandboa in der Nordostdobrudscha war ein trächtiges Weibchen, er gelang 1986 in einem Trockental der Beştepe-Hügelkette (Zinke, Hielscher, 1986). Mit diesem Nachweis wurde das Verbreitungsareal bis in die nördliche Dobrudscha erweitert.

Die Blindschleiche (*Anguis fragilis*) gehört zu den am weitesten verbreiteten Reptilienarten überhaupt und ist in bevorzugt feuchten, halbschattigen Bereichen der Dobrudscha anzutreffen. Dabei sind Laubwälder oder Wiesen mit leichter Hanglage oder Karsttäler geeignete Lebensräume.

In der Falllaubschicht im Laubwald und auf den Trockenhängen ist die bronzebraune, metallisch schimmernde Johannisechse (*Ablepharus kitaibelii*) gut an ihre Umgebung angepasst. Der etwa 12 Zentimeter lange Skink bewegt sich geschickt in der dichten Bodenvegetation schlängelnd fort, wobei die vorderen und hinteren Gliedmaßen angelegt werden. Die Johannisechse wird aufgrund ihrer guten Tarnung und der geringen Körpergröße oft übersehen. In vielen Gebieten der Dobrudscha ist sie jedoch nicht selten und wird erst bei der Flucht entdeckt. Eine Annäherung durch den Menschen toleriert die Art bis auf etwa 1–2 Meter.

Eidechsen sind mit mehreren Arten in den trockenen Lebensräumen der Dobrudscha vertreten. Die größte unter ihnen, die *Lacerta trilineata dobrogica*, ist eine Unterart der Westlichen Riesensmaragdeidechse (*Lacerta trilineata*), die zusammen mit der Östlichen Smaragdeidechse (*Lacerta viridis*) in vergleichbaren Biotopen vorkommt. Beide bewohnen südwärts ausgerichtete, sonnenexponierte und offene Hanglagen. Besonders gern werden Waldränder und Steppenrasen genutzt. Buschreiche Flächen mit üppigem Bodenbewuchs bieten optimale Versteckmöglichkeiten. Beide Arten sind sehr gute Kletterer und durchstreifen geschickt dichtes Gestrüpp. Gern sitzen sie auf erhöhten Warten, um die Umgebung gut überblicken zu können. Gerade in der Paarungszeit liefern sich die Männchen heftige Kämpfe mit Rivalen.

Auch die Zauneidechse (*Lacerta agilis*) ist in der Dobrudscha weitverbreitet. Sie bewohnt eher wechselfeuchte Habitate. Eine andere Eidechsenart, die Taurische Eidechse (*Podarcis taurica*), bewohnt zahlreiche Biotope und bevorzugt eher steiniges trockenes Gelände mit lückiger Vegetation. Man findet sie auch häufig in lichten Wäldern, auf Waldsteppen oder direkt an Straßenrändern und in Parkanlagen.

Die Mauereidechse (*Podarcis muralis albanica*) kommt lediglich in einigen wenigen felsigen Lebensräumen im südlichen Teil der rumänischen Dobrudscha vor. Die Populationsgröße hier ist im Vergleich zum übrigen Verbreitungsgebiet der Art klein.

▸ Mit bis zu 40 Zentimeter Körperlänge ist die Östliche Smaragdeidechse (*Lacerta viridis*) eine der großen Eidechsen in der Dobrudscha. Ihren Namen hat sie wegen ihrer smaragdgrün schillernden Färbung. Die Männchen (unten) sind vor allem in der Paarungszeit an der intensiv strahlend blau gefärbten Kehle gut zu erkennen. Die Weibchen (oben) sind weniger intensiv gefärbt.

## Landschildkröten

Die zwei in der Dobrudscha vorkommenden Landschildkröten sind die Maurische Landschildkröte (*Testudo graeca*) und die nur im südlichen Teil der rumänischen Dobrudscha vorkommende Griechische Landschildkröte (*Testudo hermanni*). Beide Arten ernähren sich vorwiegend vegetarisch, nehmen aber neben Gräsern, Beeren und Früchten auch eiweißreiche Nahrung zu sich – Spinnen, Würmer und Aas ergänzen den Speiseplan. Der deutlich nach oben gewölbte Panzer der Landschildkröten besteht aus fest miteinander verwachsenen Hornschilden und dient neben der Schutzfunktion auch zur Speicherung der durch Sonnenstrahlung erzeugten Körperwärme. Die kurzen stämmigen Gliedmaßen sind von harten Schuppen bedeckt und können, wie auch Kopf und Schwanz, bei Gefahr in den Panzer eingezogen werden.

Auf genetischen Untersuchungen basierend, wurden für die Maurische Landschildkröte zehn Unterarten beschrieben. Die in Rumänien vorkommende Unterart (*Testudo graeca ibera*) ist unter ihnen die größte. Einzelne Tiere erreichen Körpergrößen von über 30 Zentimeter. Die Färbung des Panzers ist in der Jugend hell olivbräunlich mit deutlich abgesetzter schwarzer Zeichnung. Im zunehmenden Alter werden die Tiere dunkler.

Von den beiden anerkannten Unterarten der Griechischen Landschildkröte lebt auf dem Balkan *Testudo hermanni boettgeri*. Die Grundfarbe dieser größeren Unterart ist strohgelb bis gelbgrünlich. Die dunklen Anteile sind oft verwaschen und unregelmäßig. Beide Arten unterscheiden sich durch einen hornigen Endnagel an der Schwanzspitze, schmalere Wirbelschilder und das geteilte Schwanzschild.

Die Landschildkröten kommen in offener Buschlandschaft, auf Wiesen, Steppenrasen und in lichten Steppenwäldern vor. Ferner sind sie auch im Kulturland anzutreffen. In geeigneten Biotopen ist es nicht schwer, die Tiere zu finden. Während der Paarungszeit hört man hin und wieder aus einiger Entfernung pfeifende Laute des Männchens. Zudem kann ein „hölzernes Panzerrammen“, ausgelöst von kämpfenden oder balzenden Männchen, den Weg zu den Tieren leiten.

▲ Das Jungtier der Maurischen Landschildkröte (*Testudo graeca*) ist heller gefärbt als das Alttier.

▶ Man begegnet der Maurischen Landschildkröte häufig im Frühjahr und im Herbst in trockenen Lebensräumen.

# Vögel in der Natur- und Kulturlandschaft

## Brutgemeinschaft Lösswand

In der letzten April- und spätestens in der ersten Maiwoche kehren Blauracken (*Coracias garrulus*) und Bienenfresser (*Merops apiaster*) aus ihren Überwinterungsgebieten in Afrika zurück und beziehen ihre Brutreviere. Es folgt die Balz, ein auffälliges Werben der Männchen um die Weibchen.

Während die Brautwerbung der Bienenfresser ein über mehrere Wochen zu beobachtendes Naturschauspiel ist, konzentriert sich die Hochbalz und die Kopulation bei den Blauracken in der Regel auf wenige Tage in der dritten oder vierten Maiwoche. Geringe Abweichungen sind von den jährlichen Wetterverhältnissen abhängig.

Blauracken sind im Gegensatz zu den Bienenfressern wenig gesellige, krähenähnliche Vögel mit farbenprächtigem Gefieder. Sie bewohnen offene Landschaften und lieben exponierte Warten, von denen aus sie nach Insekten Ausschau halten. Ähnlich wie Würger oder Rotschwänze fliegen sie kurz zum Boden, um die entdeckte Beute aufzunehmen.

Blauracken brüten in ihrem nördlichen Verbreitungsgebiet vorwiegend in alten höhlenreichen Bäumen (etwa in Grün- oder Schwarzspechthöhlen), gelegentlich auch in

▸ Kopulation der Bienenfresser (*Merops apiaster*). Er ist einer der farbenprächtigsten Vögel in Europa.

▲ Blauracke (*Coracias garrulus*) bei der Jagd. Als Wartenjäger lässt sie sich im Gleitflug von ihrer Ansitzwarte fallen und ergreift die Beute am Boden.

◂ Die auffällige Balz der Bienenfresser (*Merops apiaster*; oben) dauert mehrere Wochen an. Paar der Blauracke (unten) im Brutrevier vor der Lösswand.

Blauracke und Bienenfresser

Nistkästen. In der Dobrudscha richten sie ihre Brutplätze vorwiegend in Höhlen an Löss- oder Lehmwänden ein, oft in enger Nachbarschaft zu Bienenfressern, Uferschwalben (*Riparia riparia*) und Staren (*Sturnus vulgaris*). Im Delta nutzt die Blauracke auch die alten höhlenreichen Weiden und Pappeln als Brutplätze.

Das Männchen markiert sein Revier mit einer auffälligen Flugvorführung, bei der es seine prächtig gefärbte Unterseite präsentiert. Mit tief ausholenden Flügelschlägen steigt es steil nach oben, stürzt sich dann plötzlich unter halben Drehungen taumelnd abwärts und fängt sich kurz über dem Boden wieder ab. Es ist ein faszinierendes Naturschauspiel, bei dem die unterschiedlichen blaugrünen Farben dieses bunten Vogels besonders gut zur Geltung kommen. Die Kopulation findet in einem kurzen Zeitraum in unmittelbarer Nähe des Brutplatzes statt und kündigt sich mit der Übergabe eines „Hochzeitsgeschenkes" an das Weibchen an. Das ist meistens ein schmackhafter Käfer oder eine Heuschrecke, die das Männchen dem Weibchen überreicht. Oft folgt dieser ritualisierten Handlung dann eine Kopulation. Die beste Zeit, die Paarungen zu beobachten, ist Ende Mai bis Anfang Juni. Nach einer Brutzeit von 20–25 Tagen schlüpfen die 4–6 Jungen, die von beiden Elternvögeln mit Insekten versorgt werden. Die Brutzeit der Blauracken kann sich weit in den Juli, manchmal sogar in den August hineinziehen. In dieser Zeit verhalten sie sich nicht mehr so auffällig wie in der Balzzeit, um Feinden die Brutplätze möglichst nicht zu verraten.

Farbenprächtig zeigen sich im Mai die Bienenfresser in den Steppen und an den Lösswänden. Manchmal brüten sie sogar recht niedrig an sandigen Abbruchkanten oder bodennah in ihren einen Meter tiefen Sandhöhlen. Bienen-

◂ Ein ausgeflogener junger Steinkauz (*Athene noctua*) inspiziert die Umgebung.

fresser balzen im Flug oder auf exponierten Sitzwarten. Sie landen mit betontem Flügelzuklappen neben dem Partner, vollführen mit kehligen Rufen mehrmals charakteristische Ruckbewegungen, wobei das Hinterkopfgefieder absteht und die Handgelenke so stark angehoben werden, dass die Flügelspitzen bis unter den Schwanz reichen. Bei jeder Ruckbewegung verengen sich die Pupillen, wobei die Augen rot aufleuchten. Gelegentlich schlägt der Vogel gegen das Bauchgefieder des Partners. Abwechselnd graben beide Partner die Höhle. Das Männchen füttert das Weibchen mehrmals täglich und begattet es daraufhin. Die auffällige Balz dauert tagelang und bietet genug Zeit zur Beobachtung dieser Verhaltensweisen.

Weitere Vertreter, die auch mit zur Brutgemeinschaft der Lösswände gehören, sind Steinkauz, Turmfalke und Uferschwalbe. Beim Absuchen der Wände mit dem Fernglas sieht man oft den Steinkauz (*Athene noctua*) im Höhleneingang sitzen. Er nutzt die verlassenen Höhlen von Bienenfressern oder Blauracken, die im Laufe der Zeit so groß werden können, dass der Steinkauz oder auch der Turmfalke hineinpassen. Die Steinkäuze werden schon in der frühen Dämmerung aktiv und sind dann gut bei ihren Jagdausflügen zu beobachten. Auch die ausgeflogenen Jungvögel, die aussehen wie kleine Kobolde, sind manchmal zu sehen. Sie sitzen oft auf einem Erdhügel und warten auf die Altvögel, die ihnen die Nahrung bringen. Steinkäuze sind Nahrungsopportunisten. Sie fressen von großen Insekten über Kleinsäuger und Reptilien bis hin zu Vögeln alles, was sich ihnen im Jagdrevier bietet. Während Turmfalken (*Falco tinnunculus*) bei uns fast ausschließlich als Gebäude- oder Baumbrüter bekannt sind, nutzen sie in der Dobrudscha auch die Lösswände als Brutplätze. Ihr Beutespektrum ist dem des Steinkauzes ähnlich.

Die Uferschwalbe ist ein häufiger Brutvogel an den Lösswänden. Sie gräbt wie der Bienenfresser ihre Höhlen selbst in die Wände. Dabei kommen sie an einer Wand oft in großer Zahl vor und man sieht ihre Löcher über die gesamte Wand verteilt. Die Uferschwalben nutzen oft Wände, die nahe am Wasser liegen, da sie zur Nahrungssuche meist über dem Wasser unterwegs sind.

## Vogelwelt der Karsttäler und Steppenwälder

Die Karstlandschaften und Waldgebiete sind Brutplätze für Adlerbussard (*Buteo rufinus*; siehe S. 178/179), Zwergadler (*Hieraaetus pennatus*) und Kurzfangsperber (*Tachyspiza brevipes*), in seltenen Fällen sogar für den Schlangenadler (*Circaetus gallicus*), der in der Dobrudscha allerdings nur mit sehr wenigen Brutpaaren vorkommt. Bis vor einigen Jahrzehnten ist der Würgfalke (*Falco cherrug*) noch Brutvogel in den Steppenwäldern der Dobrudscha gewesen. Auch wenn er hin und wieder als Gast beobachtet wird, gilt er als Brutvogel als ausgestorben. Gleiches gilt für Kaiseradler (*Aquila heliaca*) sowie Mönchs- (*Aegypius monachus*), Gänse- (*Gyps fulvus*) und Schmutzgeier (*Neophron percnopterus*). Die vier genannten Arten wurden in der ersten Hälfte des 20. Jahrhunderts in der Dobrudscha ausgerottet. Hieran waren vor allem die Viehhalter aktiv beteiligt, die diese großen Greifvögel als Konkurrenten sahen. Aber auch Eier- und Vogelsammler trugen das ihrige dazu bei: Wie häufig Geier in der Dobrudscha noch zum Ende des 19. Jahrhunderts gewesen sein müssen, zeigt eine Veröffentlichung von 1878, in der aus der Dobrudscha (u.a. Wald von Babadag) berichtet wird, dass innerhalb von nur drei Jahren (1873 bis 1875) zwischen dem Waldgebiet im Babadag-Hochland und Lutschin 370 Eier von

## Adlerbussard

Der Adlerbussard (*Buteo rufinus*) gehört zur selben Gattung (Buteo) wie unser Mäusebussard. Er ist ihm auch in Gestalt und Flugbild ähnlich, jedoch etwas größer und im Ganzen rotbraun gefärbt.
In der Dobrudscha begegnet man dem Adlerbussard regelmäßig. Der europäische Bestand umfasst etwa 12 000–20 000 Brutpaare. Über 80 Prozent davon leben in Russland, der Türkei, Aserbaidschan, Bulgarien und Rumänien. In der zweiten Hälfte des 20. Jahrhunderts fand eine Ausbreitung nach Norden statt, bei der unter anderem Süd- und Südwestrumänien, Moldawien, die Ukraine und Ungarn besiedelt wurden.
Der Adlerbussard brütet in der Dobrudscha sowohl an Felsen als auch auf Bäumen. Ab April legt er 3–4 Eier und die Jungen verlassen im Alter von etwa 40 Tagen den Horst. Seine Brutplätze befinden sich in oder am Rand der Steppen, wo er in der Dobrudscha hauptsächlich die dort noch in großer Zahl vorkommenden Ziesel jagt, aber auch kleine bis mittelgroße Säuger (beispielsweise Wühlmäuse und Rumänische Hamster; siehe S. 204/205) sowie Reptilien.
Nach Bestandsabnahmen und Arealverlusten im 20. Jahrhundert vor allem in Russland und der Ukraine sind die Bestände momentan in Ost- und Südosteuropa stabil. In Rumänien und Bulgarien wurden sogar Zunahmen in den 1990er-Jahren festgestellt.
Als typischer Bewohner der Steppen ist die Hauptgefährdungsursache für den Adlerbussard aktuell die Zerstörung von Steppenflächen durch die Landwirtschaft. Aber auch die drastische Zunahme von Windenergieanlagen und der damit einhergehende Bau von Stromtrassen führen zu erhöhten Verlusten durch Kollisionen.

▲ Das Verbreitungsgebiet des Nonnensteinschmätzers (*Oenanthe pleschanka*; links) erstreckt sich von Südosteuropa bis nach Asien. Die Dobrudscha ist seine westliche Verbreitungsgrenze.
Der Schwarzstirnwürger (*Lanius minor*; rechts) ist etwas kleiner als Raubwürger und ernährt sich überwiegend von Insekten. Er bevorzugt einen offenen, landwirtschaftlich extensiv genutzten Lebensraum.

▶ Zwergadler (*Aquila pennata*) mit erbeutetem jungen Star. Der kleine Adler erinnert in Größe und Gestalt an einen Bussard und tritt in zwei Farbvarianten (helle und dunkle Morphe) auf.

Mönchsgeiern gesammelt wurden. Dabei wurde auch so mancher Altvogel vom Horst geschossen. Die Entfernung zwischen diesen Gebieten beträgt etwa 80 Kilometer. Die Dichte war also unvorstellbar hoch. In derselben Publikation wird auch berichtet, dass sich Mönchs- und Gänsegeier um die Horste stritten und dass auch Würgfalken hier allgegenwärtig gewesen seien (Sintenis 1878).
Heute ist neben dem Adlerbussard (*Buteo rufinus*; siehe S. 178/179) der Zwergadler (*Hieraaetus pennatus*) noch am weitesten verbreitet. Beide sieht man auf ihren Nahrungsflügen häufig über den Steppenflächen, wo sie die lokal noch häufig vorkommenden Ziesel (*Spermophilus citellus*) jagen. Die Horste des Zwergadlers sind immer auf Bäumen zu finden, während der Adlerbussard sowohl auf Bäumen als auch an Felswänden brütet. Beide Arten sind von der Zerstörung der Steppenflächen betroffen.
In den Wäldern ist auch der Pirol (*Oriolus oriolus*) häufig zu hören, und auf Blößen und an Waldrändern kommen noch Ortolan (*Emberiza hortulana*) und Sperbergrasmücke (*Sylvia nisoria*) vor. In der Dämmerung und nachts kann man hier auch das eintönige Schnurren des Ziegenmelkers (*Caprimulgus europaeus*) vernehmen. Mit seinem rindenfarbigen Gefieder ist er bestens an seinen Lebensraum in den Wäldern angepasst. Tagsüber ruht er am Boden oder auf waagerechten Ästen von Bäumen, wo er mit seiner extrem guten Tarnung kaum auffällt. Nachts fliegt er aus und jagt über freien Flächen am Waldrand Insekten. Auch Zwergohreulen (*Otus scops*; siehe S. 184/185) sind hier regelmäßig zu hören.

Der Nonnensteinschmätzer (*Oenanthe pleschanka*) ist eine Besonderheit, dessen Vorkommen lokal auf die Karsttäler beschränkt ist. Er ist in der Dobrudscha die seltenste der drei vorkommenden Schmätzerarten. Interessant ist eine seiner Jagdmethoden. Dabei rennt er mit aufgespannten Flügeln über Steinplatten oder offene Bodenstellen. Mit dem plötzlich erscheinenden Schatten seiner Flügel scheucht er Insekten auf, die er dann fängt.
Mit etwas Glück kann man an Felsformationen den Uhu (*Bubo bubo*) beobachten. Weiterhin sind in den Karsttälern regelmäßig Schwarzstirnwürger (*Lanius minor*), Neuntöter (*Lanius collurio*), Wiedehopf (*Upupa epops*), Blauracke (*Coracias garrulus*) und Heidelerche (*Lullula arborea*) als Brutvögel zu finden.

## Vögel der Steppen und Dörfer

Für die Landwirtschaft ungeeignete, flachgründige und steinige Flächen sind die Existenzgrundlage für Hirten, die hier seit vielen Jahrhunderten Weidewirtschaft mit Schaf- und Rinderherden betreiben. Diese beweideten Gebiete stellen heutzutage Rückzugsorte für eine noch reiche Vielfalt an Insekten, Reptilien, Vögeln und Kleinsäugern dar.
Typische Arten dieser Landschaft sind Bodenbrüter wie Lerchen und Pieper, die ihre Nester am Boden, gut getarnt im dichten Steppengras bauen und intensive Singflüge zeigen. Gerade von den Lerchen ist das bestens bekannt. Sie steigen hoch über ihr Revier auf, singen dabei unentwegt und erzielen eine gute Fernwirkung. So können die

◂ Wiedehopf (*Upupa epops*) mit Futter im Anflug an die Bruthöhle. Wenige Tage vor dem Ausfliegen nehmen die Jungvögel die Beute am Eingang des Brutplatzes entgegen.

Wiedehopf und Adlerbussard

## Zwergohreule

Die Zwergohreule (*Scops otus*) ist zusammen mit dem Sperlingskauz die kleinste europäische Eule. Sie ist im Mittelmeerraum, Nordafrika und in Südosteuropa weitverbreitet. Mit der Erwärmung der letzten Jahre zeigt die Zwergohreule Ausbreitungstendenzen nach Norden. In den vergangenen Jahren gab es vereinzelt auch schon Brutnachweise in Deutschland. In der Dobrudscha ist sie ein verbreiteter Brutvogel. Aufgrund ihrer nächtlichen Lebensweise und ihrer kryptischen Färbung bekommt man sie nur selten zu sehen. Meist hört man nur ihren einförmigen Ruf, gelegentlich auch in Siedlungen. In Gegenden mit hohen Siedlungsdichten rufen auch schon einmal mehrere Männchen in geringer Entfernung voneinander.

Die trockenen Waldsteppen und Karsttäler der Dobrudscha bieten den Zwergohreulen gute Lebensbedingungen. Wegen ihrer geringen Größe sind große Insekten ihre Hauptbeute. Zwergohreulen brüten in Baumhöhlen und Mauerspalten, wo sie 4–6 Jungvögel aufziehen. Beide Altvögel beteiligen sich an der Brut. Die Männchen versorgen das Weibchen und die Jungen mit Nahrung. Diese wird meist vor der Höhle an das Weibchen übergeben, und das Weibchen füttert anschließend die Jungen. Infolge des kontinentalen Klimas mit kalten Wintern verlassen Zwergohreulen im Herbst die Dobrudscha und überwintern im Mittelmeerraum und in Nordafrika.

Weibchen die Männchen gut hören, aber die Männchen zeigen auch anderen männlichen Rivalen an, dass hier ein Platz besetzt ist.

Die größte in der Dobrudscha vorkommende Lerche ist die Kalanderlerche (*Melanocorypha calandra*). Im Flug erkennt man gut den weißen Rand im Armflügel, und wenn sie sitzt, sieht man ein deutliches, schmales schwarzes Querband auf der Brust. Neben der Feldlerche (*Alauda arvensis*) und der Haubenlerche (*Galerida cristata*), die sowohl in der Steppe als auch im Kulturland vorkommen, gibt es noch sehr selten eine kleinere typische Steppenlerche, die Kurzzehenlerche (*Calandrella brachydactyla*).

Von den Piepern ist es der Brachpieper (*Anthus campestris*), den wir in der Steppe noch häufig antreffen können. Er ist schlanker als eine Lerche und hat wie alle Pieper einen langen Sporn als Hinterzehe. Die genannten Arten weisen alle eine kryptische Färbung auf, sodass sie mit dem Boden völlig verschmelzen. Aufgrund der guten Tarnung entdecken Fressfeinde die brütenden Vögel nur schwer. Diese wiederum flüchten, auf ihre Tarnung vertrauend, erst im letzten Moment oder sie drücken sich bewegungslos an den Boden.

Weitere typische Steppenvögel sind der Isabellsteinschmätzer (*Oenanthe isabellina*; siehe S. 188/189) und der Steinschmätzer (*Oenanthe oenanthe*). Ersterer ist enger an die Steppe gebunden. Er ist ein lössbraun gefärbter Vogel, der für seine Brut die verlassenen Baue der Ziesel nutzt.

Ein typischer dämmerungs- und nachtaktiver Steppenbewohner ist der Triel (*Burhinus oedicnemus*; siehe S. 196/197). Er macht sich insbesondere in der Dämmerung und nachts durch sein melodisches, etwas wehmütiges, relativ hohes Flöten bemerkbar. Triele sind tagsüber oder am frühen Abend nur gelegentlich zu sehen. Ihr Brutplatz ist eine Mulde zwischen Steinen und oft mit nur spärlicher Vegetation im Umfeld. Die Eier sehen aus wie Steine. Und auch der Triel selbst besitzt eine perfekte Tarnfarbe. Einen brütenden Vogel zu entdecken, ist ausgesprochen schwer. Der Triel ist in der Dobrudscha vor allem durch den Umbruch der Steppengebiete bedroht. Für das Biosphärenreservat werden etwa 40 Brutpaare angegeben.

Diese ursprünglichen Kulturlandschaften weisen einen Wechsel aus kargen, steppenartigen Plateaus und zerklüfteten Tälern auf und sind vor allem in der mittleren und südlichen rumänischen Dobrudscha zu finden. In den Tälern und an den Hängen, die oftmals nur von Viehherden passiert werden, findet man eine reichhaltige Kriechtier- und Arthropodenfauna. Die artenreichen Lebensgemeinschaften sind wichtiger Nahrungsbestandteil für viele Vögel. Die nahrungsreiche Steppe zieht natürlich eine ganze Reihe von Nahrungsgästen an, die nicht unmittelbar in der Steppe brüten. Auch sie sind in ihrem Überleben von den Steppen abhängig. Typische Arten sind Blauracke (*Coracias garrulus*), Bienenfresser (*Merops apiaster*), Wiedehopf (*Upupa epops*), Steinkauz (*Athene noctua*), Rotfußfalke (*Falco vespertinus*), Adlerbussard (*Buteo rufinus*; siehe S. 178/179) sowie Zwerg- und Schlangenadler (*Hieraaetus pennatus*, *Circaetus gallicus*).

Eine weitere bemerkenswerte Art in der Dobrudscha ist der Rosenstar (*Pastor roseus*; siehe S. 192/193). Bis vor wenigen Jahrzehnten ein unregelmäßiger Gast, der alle paar

◂ Kalanderlerche (*Melanocorypha calandra*; oben links) und Brachpieper (*Anthus campestris*; oben rechts).
Rosenstar (*Pastor roseus*) bei der Fütterung der Jungvögel in der Brutkolonie (unten).

## Isabellsteinschmätzer

Der Isabellsteinschmätzer (*Oenanthe isabellina*) ist ein sperlingsgroßer, unscheinbarer Vogel, der ausschließlich Steppen und Halbwüstengebiete bewohnt. Sein Verbreitungsgebiet erstreckt sich von China bis an das Schwarze Meer, wo er in den Steppen der Dobrudscha regelmäßig anzutreffen ist. Hier wanderte er Anfang der 1970er-Jahre ein. In Rumänien und Bulgarien ist bis heute seine Ausbreitung zu beobachten. Hier befindet sich die westliche Arealgrenze, wenngleich immer noch eine Arealerweiterung beobachtet wird. Der europäische Gesamtbestand umfasst 3–6 Millionen Brutpaare und wird als stabil eingeschätzt.

Der Isabellsteinschmätzer weist oberseits eine hellbraune, erdähnliche Färbung auf, während seine Unterseite hell beigefarbig ist. Damit ist er in der Steppe bestens getarnt. Seine Brutplätze sind eng an bodengrabende Nager wie Ziesel, Murmeltiere oder Rennmäuse gebunden. Der Isabellsteinschmätzer errichtet sein Nest in den Röhren verlassener Nagerbaue, was auch die enge Bindung an Nagervorkommen erklärt. In der Dobrudscha finden wir ihn ausschließlich dort, wo es Zieselkolonien gibt. Männchen und Weibchen sind kaum voneinander zu unterscheiden. Der Isabellsteinschmätzer sitzt gern erhöht auf Jagdwarten, von wo aus er Insekten im Flug erbeutet.

Der Isabellsteinschmätzer ist ein Langstreckenzieher, dessen Winterquartiere sich in Indien, dem Iran, Arabien und vor allem auch in Afrika, südlich und östlich der Sahara, befinden. In die Brutgebiete um das Schwarze Meer kehrt er schon ab Ende März bis Mitte April zurück. Auch wenn der Bestand vorerst als ungefährdet eingestuft wird, so ist die Art doch durch die Zerstörung der Steppenflächen und dem damit einhergehenden Verschwinden der Ziesel (*Spermophilus citellus*) bedroht.

▲ Schlangenadler (*Circaetus gallicus*) im Jugendkleid. In der Dobrudscha gibt es nur noch wenige Brutpaare.

◂ Die Rotfußfalken (*Falco vespertinus*) sind typische Steppenbewohner. Sie brüten in alten Nestern der Saatkrähen und jagen vorrangig Kleinsäuger und große Insekten. Ihren Namen bekamen sie wegen ihrer leuchtend rotorangen Beine.

## Rosenstar

Die Heimat des Rosenstars (*Pastor roseus*) ist der Nahe und Mittlere Osten, von wo er sich in den vergangenen Jahren weiter nach Westen ausgebreitet hat. In der Dobrudscha brütet er seit einigen Jahren und gilt in Rumänien und Bulgarien heute als jährlicher Brutvogel. Sein Auftreten und Brüten in der Dobrudscha hat in den letzten Jahren zugenommen. Hier sind es meist Steinbrüche, wo sie in manchen Jahren in großen Kolonien mit bis zu 1000 Paaren und mehr zusammen brüten. Sie beginnen erst Anfang bis Mitte Juni mit der Brut, und das Brutgeschehen ist streng synchronisiert. Innerhalb von nur einer Woche verlässt ein großer Teil der Jungvögel die Nester. Sie sitzen dann auf den Steinen vor den Brutnischen und werden von den Altvögeln mit Futter versorgt.
Rosenstare haben meist 3–5 Junge, die im ersten Jahr eine einheitliche hellbraune Färbung aufweisen. Die Altvögel sind am Bauch und Rücken matt rosa gefärbt, was ihnen ihren Namen einbrachte. Das Prachtkleid der Männchen besticht durch auffällige verlängerte Schmuckfedern an Kopf und Brust.
Die Insektenvielfalt der Steppe bildet die Nahrungsgrundlage für die Rosenstare. Ständig kommen Altvögel aus der nahen Steppe mit Schnäbeln voll Insekten (besonders Heuschrecken) geflogen. Dabei fliegen sie meist flach über dem Boden und lassen sich dann blitzschnell über den Rand des Steinbruchs die Steilwände hinunterfallen. Zielsicher finden sie in dem unüberschaubaren Wirrwarr ihre Brutnische und so auch ihre eigenen Jungen. Ein faszinierendes Schauspiel!
Gefährdung besteht für die Rosenstare vor allem durch die Umwandlung der Steppen in intensiv genutztes Ackerland und durch den Einsatz von Pestiziden.

Jahre invasionsartig das Gebiet besuchte. Vor einigen Jahren gab es erste Brutnachweise in Bulgarien und danach auch in Rumänien. Die Rosenstare (siehe S. 192/193) brüten meist in Steinbrüchen, und es wurden Kolonien mit mehreren Tausend Paaren bekannt. Diese sind allerdings nicht in jedem Jahr besetzt. Zur Nahrungssuche fliegen sie in die umliegenden Steppen. Es ist beeindruckend zu beobachten, wie diese Vögel in Trupps immerzu mit Schnäbeln voll Futter aus der Steppe zur Kolonie geflogen kommen. Die Rosenstare sind eng an die Steppen gebunden.

Neben Adlerbussard (siehe S. 178/179) und Zwergadler sieht man von den Greifvögeln vor allem den Rotfußfalken regelmäßig über der Steppe jagen, wo er überwiegend Großinsekten fängt. Rotfußfalken brüten kolonieartig und sind eng mit dem Vorkommen von Saatkrähen verbunden, da sie deren Nester für ihre Bruten nutzen. Sie brüten auch mitten in Saatkrähenkolonien. Außerhalb der Brutzeit bilden sie Trupps von 50 Vögeln und mehr. Im Flug ähneln sie dem Turmfalken sehr, zumal sie auch wie dieser regelmäßig rütteln. Die Geschlechter sind gut zu unterscheiden. Weibchen haben eine graue Oberseite mit dunkler Querbänderung. Ihre Unterseite und der Kopf sind rötlich braun gefärbt. Im Gegensatz dazu ist das Männchen komplett grauschwarz, und nur die Schwanzunterseite und die Füße zeigen eine rötliche Farbe.
Die Ortschaften selbst sind ebenfalls Lebensraum für zahlreiche Vogelarten. Besonders auffallend sind große Schwärme von Dohlen (*Corvus monedula*), die hier häufig in verlassenen Häusern und Stallanlagen brüten. Oft sieht man sie vergesellschaftet mit Saatkrähen (*Corvus frugilegus*), die gerne die angepflanzten Pappeln in und an den Dörfern und Straßen als Brutbäume nutzen. Weißstörche (*Ciconia ciconia*) finden sich nahezu in jedem Dorf als Brutvögel. Sie bauen hier ihre Nester häufig auf Strommasten. In fast jedem Weißstorchhorst findet man zur „Untermiete" eine Kolonie der Weidensperlinge (*Passer hispaniolensis*), die ihre Nester im Unterbau des Horstes errichten. Auch Steinkäuze sind regelmäßig nachts in den Dörfern zu hören. Sie brüten hier vor allem an Gebäuden.


Weißstörche (*Ciconia ciconia*) in der ▲ Grassteppe und am ▶ Brutplatz.

## Triel

Ein ganz besonderer Vogel der Steppe ist der Triel (*Burhinus oedicnemus*). Er ist größer als eine Taube (40–44 cm), hat ein der Steppe angepasstes braun-gelbliches Gefieder und ist hochbeinig. Vor allem fallen sofort, wenn man ihn sieht, die großen gelben Augen auf.

Er gehört zu den Schnepfenvögeln, ist unter ihnen aber wohl die einzige Art, die als Steppenbewohner mit wenig Wasser auskommt. Er deckt zum Teil seinen Flüssigkeitsbedarf über die Nahrung oder über vorhandene Tautropfen am Morgen. In sehr trockenen Gegenden werden Wasserstellen über weite Strecken fliegend aufgesucht. Da er nicht mit dem Schnabel im Schlamm stochern muss, hat der Triel im Gegensatz zu den meisten anderen Schnepfenvögeln einen relativ kurzen kräftigen Schnabel, der ihn befähigt, große Insekten zu fangen.

Der Triel ist dämmerungs- und nachtaktiv. Nur selten sieht man ihn am Tage, am ehesten kurz vor Sonnenuntergang. Die eulenartigen großen gelben Augen befähigen ihn, auch in der Dunkelheit gut zu sehen. Aufgrund seines extrem gut getarnten Gefieders ist er in der Steppe nur schwer zu entdecken.

Sein Nest befindet sich am Boden. In einer flachen Mulde zwischen Steinen legt er in der Regel 2 Eier, die in ihrer Färbung perfekt an den Untergrund angepasst sind. Nur bei genauem Hinsehen kann man sie von Steinen unterscheiden. Auch die Jungvögel sind schon bestens getarnt und haben die gleichen großen, leuchtend gelben Augen.

In der Dämmerung und Dunkelheit verrät der Triel seine Anwesenheit oft durch seinen ansteigend flötend und klagend trillernden Ruf („kur-li-Lll“ und „klii-ürr-Lii, klürrr-Lii“).

In den Steppen der Dobrudscha kommt er noch regelmäßig vor, ist aber durch die Zerstörung seiner Lebensräume auch hier in seinem Bestand rückläufig. Hauptursache ist die Umwandlung von Steppenflächen in Ackerland und die Aufgabe der Beweidung.

Der Triel ist ein Zugvogel, der im tropischen Afrika überwintert und erst im Laufe des Maimonats in die Dobrudscha zurückkehrt.

# Säugetiere – vom Samenfreund und Zuwanderer

Die Randbereiche des Donaudeltas im Übergang zu den trockeneren Lebensräumen werden häufig von Goldschakalen (*Canis aureus*; siehe S. 200/201) genutzt, die in den vergangenen Jahrzehnten stark zugenommen haben. Als Prädatoren von Vögeln und auch Reptilien haben sie einen negativen Einfluss auf einige Arten. Hier sei die Europäische Sumpfschildkröte (*Emys orbicularis*; siehe S. 65/65) genannt, deren Gelege von den Schakalen in großer Zahl ausgegraben werden. Die Schakale profitieren vor allem von der unsachgemäßen und wilden Hausmüllentsorgung in den Dörfern.

In der Dobrudscha gibt es auch Rotfüchse (*Vulpes vulpes*), Baum- und Steinmarder (*Martes martes, M. foina*), den Europäischen Iltis (*Mustela putorius*), Hermelin (*M. erminea*) und Mauswiesel (*M. nivalis*). Eine Besonderheit der Steppenlebensräume ist der selten gewordene Steppeniltis (*M. eversmanii*). Er sieht dem Europäischen Iltis sehr ähnlich, hat aber ein helleres Fell und wird etwas größer. Er bewohnt die Baue fremder Tierarten wie Ziesel, Rumänische Hamster (*Mesocricetus newtoni*; siehe S. 204/205) oder Kaninchen. Schwerpunkt seiner Verbreitung ist Osteuropa (Bulgarien, Rumänien, Ungarn, Österreich, Slowakei, Tschechien und Polen). Innerhalb der Europäischen Union gilt der Steppeniltis als stark gefährdete Art, und der Erhaltungszustand seiner Lebensräume wird als unzureichend bis schlecht eingestuft.

Eine weitere Iltisart, die in den vergangenen Jahrzehnten in der Dobrudscha kaum noch nachgewiesen wurde, ist der Tigeriltis (*Vormela peregusna*). Er ähnelt vom Habitus dem Steppeniltis, ist aber kleiner als dieser. Seine Oberseite und die Flanken zeigen eine dunkelbraune Grundfärbung, die mit gelben Flecken und Streifen bedeckt ist, was ihm wohl auch seinen Namen einbrachte. Die Bauchseite ist schwarz. Besonders auffällig ist auch die schwarzweiße Gesichtsfärbung mit einem hellen Band zwischen Augen und Ohren und heller Färbung um das Maul herum. Er hat große Ohren und einen buschigen Schwanz mit schwarzer Spitze. Über seinen Status in der Dobrudscha ist nichts bekannt. Möglicherweise kommt er gar nicht mehr vor. Hauptursache seines Rückganges ist die Zerstörung der Steppenflächen durch die Landwirtschaft. Sowohl Steppen- als auch Tigeriltis leben vor allem von den typischen Steppennagern, den Zieseln.

▸ Ziesel (*Spermophilus citellus*) stellen sich gern auf die Hinterbeine, um den Überblick zu haben. Bei Gefahr stoßen sie einen hohen Pfiff aus und sie verschwinden in ihren Erdbauen. Sie sind Hauptbeute von Kaiseradler (*Aquila heliaca*), Zwergadler (*Hieraaetus pennatus*) und Würgfalke (*Falco cherrug*). Ziesel bewohnen die extensiv genutzten Steppenflächen der Dobrudscha. Überall dort, wo die Landwirtschaft intensiviert wird, verschwinden die kleinen Nager und mit ihnen ihre Jäger.

## Die Ausbreitung des Goldschakals

Der Goldschakal (*Canis aureus*) ist die am weitesten verbreitete aller Schakalarten und kommt in Südosteuropa, von der arabischen Halbinsel über Indien bis nach Südostasien vor. Aus dem Kaukasus und Kleinasien ist er nach Europa eingewandert. Die erste dokumentierte Sichtung eines Goldschakals aus der Neuzeit in Rumänien gab es 1929 auf einer Donauinsel im Süden des Landes direkt an der bulgarischen Grenze. Daher wird davon ausgegangen, dass er erst vor relativ kurzer Zeit, wahrscheinlich von der Balkanhalbinsel aus, wieder nach Rumänien eingedrungen ist. Das steht durchaus im Einklang mit der Annahme, dass der Schakal bereits seit der Würm-Kaltzeit zur Fauna des Balkans gehörte. Paläozoologische Funde belegen die Anwesenheit des Goldschakals seit der Jungsteinzeit im Gebiet südlich des heutigen Constanța.

Zwischen 1929 und 1975 wurden Schakale in Rumänien nur zufällig in strengen Wintern beobachtet, als sie beispielsweise aus Bulgarien kommend die zugefrorene Donau überquerten. Nach 1975 etablierten sie sich dauerhaft auf rumänischem Gebiet, und von 1985 an wurden immer häufiger erlegte Schakale gemeldet. 2001 schätzte man den Bestand in der Dobrudscha auf 550 Tiere und 2015 bereits auf 2 500. Auch in den letzten zehn Jahren ist die Population beständig gewachsen. Vom Balkan aus erfolgte schließlich auch seine weitere Ausbreitung nach Nord- und Westeuropa.

Die territoriale Expansion des Schakals lässt sich auf eine Reihe natürlicher Faktoren zurückführen, von denen wahrscheinlich einer der globale Klimawandel ist. Merkmale des Goldschakals wie beispielsweise die großen Ohren oder schmalen Pfoten zeigen die Anpassung an wärmere klimatische Bedingungen. Anthropogene Faktoren wie mangelhaftes Management von Siedlungsabfällen oder das nachlassende Interesse an der Jagd zur Bestandsregulierung begünstigen seine Ausbreitung. Einer der Hauptfaktoren war das Verschwinden des Wolfs (*Canis lupus*). Beobachtungen aus anderen geografischen Regionen belegen, dass Schakale keine stabilen Populationen bilden, wenn Wölfe anwesend sind. Erst nach deren Verschwinden besetzen Goldschakale deren frei gewordene Reviere.

## Ziesel – flinke Kobolde

Das zeitige Frühjahr im April und Mai mit noch relativ niedriger Vegetation bietet gute Gelegenheiten, in den Steppengebieten den Europäischen Ziesel (*Spermophilus citellus*) zu beobachten. Diese etwa 23 Zentimeter großen, putzigen Nagetiere aus der Familie der Hörnchen sind in Steppengebieten und Graslandschaften Südosteuropas heimisch. Am Morgen kommen die Ziesel aus ihren Bauen an die Oberfläche. Zunächst verharren sie ruhig und beobachten ihre Umgebung. Schließlich beginnen sie zu fressen. Mit dem typischen geraden Aufrichten des Körpers (sogenanntes „Männchenmachen") erhalten die Ziesel einen sehr guten Überblick über die Landschaft und können Feinde rechtzeitig erkennen. Bei Gefahr warnen sie mit einem schrillen Pfeifen und verschwinden dann blitzschnell in ihrem Bau. Ziesel ernähren sich hauptsächlich von Samen, grünen Pflanzenteilen und Blüten. Der wissenschaftliche Name *Spermophilus* kann als „Samenfreund" übersetzt werden. Im Gegensatz zu Hamstern oder anderen Zieselarten legen Europäische Ziesel in ihren Bauen keine wesentlichen Nahrungsvorräte an, sondern fressen sich im Spätsommer ausreichend Fettreserven für den mehrmonatigen Winterschlaf an. Dieser findet von September bis März statt.

Ziesel

## Der Rumänische Hamster – endemisch und wenig erforscht

Der Rumänische Hamster (*Mesocricetus newtoni*) gehört zur Gattung der Mittelhamster und ist eng mit dem uns als Goldhamster geläufigen Syrischen Hamster (*Mesocricetus auratus*) verwandt. Er kommt endemisch in der rumänischen und bulgarischen Dobrudscha vor, hauptsächlich aber zwischen der Donauniederung und dem Schwarzen Meer. Die Kopf-Rumpf-Länge beträgt 14–17 Zentimeter, der kurze Schwanz misst 18–25 Millimeter. Das Fell auf dem Rücken ist graubraun und am Bauch graugelblich gefärbt. Kehle und Brust sind weitestgehend schwarz. Unter den Ohren erstreckt sich ein schwarzer Streifen bis in das Gesicht hinein. Vom Kopf bis zur Mitte des Rückens zieht sich ein schwarzer Aalstrich.

Der Rumänische Hamster wird 2–3 Jahre alt und lebt als Einzelgänger in 30–180 Zentimeter tiefen Erdhöhlen. Sein Lebensraum sind artenreiche Steppen, nicht selten im Randbereich zu angrenzenden Feldern. Er wurde auch in Gärten und an Ortsrändern nachgewiesen, fehlt jedoch völlig auf Ackerflächen. Aufgrund des begrenzten Verbreitungsgebietes und der in den Jahrzehnten massiven Industrialisierung der Landwirtschaft ist sein Bestand derzeit unklar. Es wird aber davon ausgegangen, dass er stark rückläufig ist.

Bereits im Mai bekommen Weibchen den ersten Wurf eines Jahres. Beobachtungen zufolge können sie in dieser Zeit eine hohe Tagesaktivität entfalten und dabei öfter mit den Jungen ihre in unmittelbarer Nachbarschaft zueinander liegenden Baue wechseln. Dabei transportiert das Weibchen jedes Jungtier einzeln im Maul von Bau zu Bau. Bei 2–3 Würfen im Jahr bringt ein Weibchen 2–10 Junge pro Wurf zur Welt.

Die Nahrung der Rumänischen Hamster besteht im Frühling im Wesentlichen aus einer breiten Auswahl von Grünpflanzen, die in der Umgebung seines Baus wachsen. Zudem werden Samen, Insekten und andere Wirbellose gefressen. Die Zunahme der Agrarmonokulturen und der damit einhergehende Rückgang der Vielfalt an Wildpflanzen und Kräutern stellt ein Problem dar. Die Erhaltung und Entwicklung von Pufferstreifen mit einer entsprechenden Wildvegetation, die an landwirtschaftliche Nutzflächen angrenzen, wäre wichtig für den Schutz des Rumänischen Hamsters.

# Fledermäuse – mit Echoortung durch die Nacht

Wie kaum um eine andere Tiergruppe ranken sich um die Fledermäuse seit jeher Sagen und Aberglaube. In der Mythologie der vergangenen Jahrtausende und in den verschiedenen Kulturen weltweit spielen sie eine große Rolle. So zählten sie als böse und unheimliche wie auch gute Wesen, denen magische, sowohl dämonische als auch heilbringende Kräfte zugeschrieben wurden. Vielerorts galt die Fledermaus als Sinnbild des Todes, stand bei den Siebenbürger Sachsen für üble Nachrede, während ihr Herz in Bosnien-Herzegowina dem Liebeszauber diente. Und aus der Antike ist uns von Plinius in seiner Enzyklopädie *Naturalis Historia* überliefert, dass Fledermäuse bei der Heilung unterschiedlichster Krankheiten Verwendung fanden. Es wundert also nicht, dass sie im Mittelalter bis in die Neuzeit hinein, wie auch die Eulen, an Scheunentore genagelt wurden, um Unheil und Krankheiten fernzuhalten. Der wissenschaftliche Erkenntnisgewinn der letzten Jahrzehnte über Verhaltensweisen, Verbreitung und Jahreszyklus hat zur Aufklärung der Bevölkerung europaweit beigetragen und auf die Schutzbedürftigkeit hingewiesen.

▸ Kleine Hufeisennase (*Rhinolophus hipposideros*).

Wie schon der griechische Name für Fledertiere (Chiroptera: Handflügler) verrät, fliegen diese Tiere mit den Händen. Zwischen den Fingern, mit Ausnahme des Daumens, sowie am Schwanz spannt sich eine durchblutete Flughaut aus. Mit ihren Flügeln, die bei den europäischen Arten eine Spannweite von 17–43 Zentimetern erreichen, fliegen die Tiere lautlos durch die Nacht und erbeuten Insekten. Die Fledermäuse jagen und orientieren sich im Lebensraum mithilfe der Echoortung. Hierfür stoßen sie während des Fluges Rufe im Ultraschallbereich aus und registrieren durch ihre Ohren die reflektierten Schallwellen. Obwohl sie sich dank ihrer Flügel imposant gegen den Nachthimmel abheben, sind Fledermäuse eher klein und erreichen gerade einmal je nach Art ein Gewicht von 3–40 Gramm.

Aufgrund ihrer vielfältigen Landschaftsbereiche weist die Dobrudscha unter Einschluß des Donaudeltas mit 27 der potenziell 33 in Rumänien identifizierten Arten eine hohe Artenvielfalt auf und ist damit eines der bedeutendsten Gebiete der Chiropteren-Fauna Europas. Weite Steppen, dichte Wälder sowie einzigartige Karsttäler mit ihren Höhlen sind ideale Lebensräume. Einer der Schwerpunkte des Fledermausvorkommens in der Dobrudscha ist das Karstgebiet der Cheile Dobrogei bei Tâguşor, Cheia und Gura Dobrogei. Hier dienen Höhlen, alte Bäume mit Baumhöhlen und verlassene Gebäude als Quartiere für Wochenstuben im Sommer und Rückzugsorte für die Winterruhe, wobei die einzelnen Arten ihre Präferenzen haben. Auch das Donaudelta mit seinen unzähligen, von hohlen alten Silber-Weiden gesäumten Wasserarmen, Inseln und Altwässern ist ein Lebensraum mit einer hohen Insektenvielfalt und damit idealer Nahrungsgrundlage. Als einer der dortigen Fledermaus-Hotspots gilt beispielsweise der Letea-Wald.

## Höhlen – Rückzugsorte für die nachtaktiven Jäger

Im Süden der rumänischen Dobrudscha befinden sich mehrere, von alters her bekannte Fledermaushöhlen, die von einheimischen und internationalen Fledermaus-Experten in größeren, relativ regelmäßigen Abständen untersucht wurden. Das Hauptaugenmerk lag dabei auf der Untersuchung der größten Karsthöhlen durch Begehung mit Koloniezählung und Netzfängen an den Eingängen. Die besondere Bedeutung des Dobrudscha-Karstes für die rumänische Fledermausfauna wurde bereits durch Dumitrescu et al. (1958, 1962, 1963, 1965), Cerveny (1982), Grimmberger (1993), Valenciuc & Ion (1971), Nagy et al. (2005, 2010) und eine Arbeitsgruppe der Universität „Alexandru Ioan Cuza“ IAȘI (2011) herausgestellt, um nur einige zu nennen.

Eine der bedeutendsten Höhlen in der Dobrudscha befindet sich zwischen Târguşor und Gura Dobrogei. Sie hat drei Eingänge und die Gesamtlänge der Galerien beträgt 480 Meter. Insgesamt wurden im Rahmen unterschiedlicher Untersuchungen 18 Fledermausarten im Höhlenkomplex nachgewiesen. Im Jahr 1974 konnten noch Fledermauskolonien in einer geschätzten Stärke von insgesamt 6 500–8 500 Individuen festgestellt werden. Jedoch wurde bis Ende der 1980er-Jahre ein rapider Rückgang verzeichnet, der bis in die heutige Zeit anhält. Der Bestand dieses ehemals regional sehr bedeutsamen Höhlenquartiers ist bis 1989 in nahezu zwei Jahrzehnten bis auf etwa 2 Prozent zusammengeschrumpft. Benachbarte kleinere Höhlen verfügen aufgrund geringerer Größe und ungünstiger klimatischer Bedingungen kaum über das Potenzial, diesen Verlust auszugleichen. Als Ursachen für den dramatischen Bestandsrückgang gelten der Einsatz von Insektiziden, wie

▲ Im Karstgebiet der Cheile Dobrogei befindet sich ein Fledermaus-Hotspot der Dobrudscha. Neben großen Karsthöhlen als Rückzugsorte bieten angrenzende Gras- und Waldsteppen, Täler und Hochebenen geeignete Flächen zur Insektenjagd.

beispielsweise DDT, bis in die 1980er-Jahre hinein, Vandalismus, Störungen durch Höhlentourismus einschließlich Führungen mit Pauschaltouristen. Eine Sicherung des Höhlenkomplexes wurde bereits Ende der 1990er-Jahre als erste, dringlichste Maßnahme zum Erhalt des früher bedeutenden Höhlenquartiers gefordert, ohne dass bis heute etwas geschehen wäre.

Ein weiteres ausgedehntes Höhlensystem befindet sich bei Mangalia am Schwarzen Meer und wurde erst zu Beginn des 20. Jahrhunderts bekannt. Die Höhle ist von einer felsigen Steppenlandschaft umgeben, wurde in das Plateau am rechten Ufer des in den Mangalia-See mündenden Albești-Flusses 500 Meter flussaufwärts vom Dorf Limanu in Kalksteinablagerungen gegraben. Das Netz unterirdischer Gänge (Länge der kartierten Gänge 3 200 Meter), welches das Labyrinth der Höhle bildet, wurde von Menschen gegraben, wobei eine natürliche Höhle als Ausgangspunkt diente. Das Höhlensystem beherbergt neun verschiedene Fledermausarten. Im Jahr 2005 verschloss die Arbeitsgruppe für Unterwasser- und Höhlenforschung (GESS) aus Constanța die Höhle mit einer massiven Stahltür, die an den Seiten durch 0,5 Meter dicke Betonwände geschützt ist. Ein schmales rechteckiges Fenster (ca. 20 × 50 Zentimeter) wurde offen gelassen, durch das die Fledermäuse ein- und ausfliegen können.

## Typische Fledermausarten

Die typischen Fledermäuse im Dobrudscha-Karst sind das Kleine Mausohr (*Myotis blythii*), die Wasserfledermaus (*Myotis daubentonii*) und die Langflügelfledermaus (*Miniopterus schreibersii*). Es sind die häufigsten Arten, die für diesen Lebensraumtyp charakteristisch sind. Die Breitflügelfledermaus (*Eptesicus serotinus*), das Graue Langohr (*Plecotus austriacus*), die Meheley-Hufeisennase (*Rhinolophus mehelyi*; siehe S. 216/217) und die Große Hufeisennase (*Rhinolophus ferrumequinum*) wurden weniger häufig und nur im einstelligen Prozentbereich nachgewiesen. Eher selten und nur zufällig in Karsthöhlen wurden Arten beobachtet oder für wissenschaftliche Zwecke gefangen, die an sich selten sind oder ein anderes Quartierspektrum aufweisen: Kleine Hufeisennase (*Rhinolophus hipposideros*), Langfußfledermaus (*Myotis capaccinii*), Steppen-Bartfledermaus (*Myotis aurascens*), Bechsteinfledermaus (*Myotis bechsteinii*), Wimperfledermaus (*Myotis emarginatus*), Großes Mausohr (*Myotis myotis*), Rauhautfledermaus (*Pipistrellus nathusii*), Braunes Langohr (*Plecotus auritus*) und Zweifarbfledermaus (*Vespertilio murinus*).

Das Kleine Mausohr ist eine mediterrane Art und lebt in offenen Landschaften mit extensiv genutzten Flächen und Weiden sowie in Karstgebieten und Steppenlandschaften. Es ist dem Großen Mausohr sehr ähnlich und kann nur durch wenige Merkmale unterschieden werden. Wesentliches Kennzeichen dabei ist ein heller Stirnfleck, den Tiere in Südosteuropa aber oftmals nicht tragen. Eine gute Unterscheidung, insbesondere auf Fotos, gelingt mit dem bis zur Spitze hell gefärbten Tragus ohne dunklen Fleck am Ende. Sommerquartiere und Wochenstuben sind nahezu ausschließlich große Höhlen oder Bunker, wobei diese oft gemeinsam mit anderen Fledermausarten wie dem Großen Mausohr, der Langfuß- und Langflügelfledermaus sowie den Wimperfledermäusen und Hufeisennasen

◂ Fledermaushöhle im Karstgebiet der Cheile Dobrogei.

genutzt werden. Das Kleine Mausohr jagt im gleichmäßigen Flug 1–2 Meter über dem Boden der Steppen oder gemähten Wiesen nach größeren Insekten wie Heuschrecken oder größeren Käfern. Sie fliegt dabei sehr wendig und sammelt im Flug Insekten von Grashalmen ab. Die großflächige Urbarmachung von Steppengebieten in der Dobrudscha seit Mitte des letzten Jahrhunderts und damit der Verlust der Jagdflächen führte zu starken Bestandseinbrüchen dieser aktuell sehr gefährdeten Art. In der Dobrudscha ist das Kleine Mausohr mit 41 Prozent immer noch die dominierende Art in den Karsthöhlen. Von den einst 4 000–5 000 Exemplaren einer Wochenstube in der Fledermaushöhle von Gura Dobrogei wurden bereits 1979 nur noch etwa 150–200 Exemplare gezählt, und bei dieser geringen Individuenzahl blieb es bis heute.

Die Wasserfledermaus ist nahezu in ganz Europa verbreitet, im Mittelmeergebiet ist das Vorkommen eher lückig und oft auf Hügellandschaften beschränkt. In der Dobrudscha ist die Wasserfledermaus als zweithäufigste Art gut vertreten und wurde in den Karsthöhlen mit einem Anteil von durchschnittlich 24 Prozent nachgewiesen. Die Wasserfledermaus zeigt einen schnellen und wendigen Jagdflug meist 5–40 Zentimeter über der Wasseroberfläche. Ein geortetes Beuteinsekt wird meist direkt von der Wasseroberfläche aufgenommen. Wochenstuben werden im späten Frühjahr gebildet, die Jungtiere werden in der Regel im Juni bis Mitte Juli geboren. Die Kolonien lösen sich im Spätsommer auf. Während der Schwärmphase im August und September werden die Karsthöhlen erneut aufgesucht. Schwärmen wird das Umherstreifen der Fledermäuse im Spätsommer im Herbst bezeichnet. Es dient der Erkundung der Winterquartiere und soll vor allem unerfahrenen jungen Tieren helfen, geeignete Winterquartiere kennenzulernen. Schwärmhöhlen sind auch die Treffpunkte für Balz und Paarung.

Die graubraun bis dunkelgrau gefärbte Langflügelfledermaus ist in Europa im gesamten Mittelmeergebiet weitverbreitet. In der Dobrudscha ist sie die dritthäufigste Fledermaus und wurde in nahezu allen Karsthöhlen nachgewiesen. Sie besiedelt vielfältige mediterrane Landschaften, mit einer Bevorzugung waldreicher Gebiete. Ihre Quartiere befinden sich hauptsächlich in Karsthöhlen, die ganzjährig besiedelt werden. Dabei hängen die Fledermäuse in der Regel frei und bilden sowohl im Sommer als auch im Winter bei guten Beständen dichte Cluster, die an einen Wandteppich erinnern. Die Wochenstuben-Kolonien dieser mittelgroßen, schlanken Fledermaus mit kurzer Schnauze und dreieckigen Ohren beherbergt nur reproduktive Weibchen. Nicht reproduktive Weibchen und die Männchen bilden in der gleichen Höhle oder in einer Nachbarhöhle separate Cluster. Bei guten Bedingungen der Quartierhöhle können die Kolonien mancherorts im Verbreitungsgebiet mehrere 10 000 Tiere umfassen. In der Fledermaushöhle von Gura Dobrogei ging die Brutkolonie innerhalb der fünf Jahre von 1974 bis 1979 von 2 000–3 000 Exemplaren auf 100–200 Exemplare zurück und hat sich bis heute nicht erholt. In den vergangenen Jahren wurde eine gemeinsame Wochenstube mit dem Kleinen Mausohr beschrieben.

Die Langflügelfledermaus wandert saisonal regelmäßig zwischen Sommer- und Winterquartieren und legt dabei

▸ Das Kleine Mausohr (*Myotis blythii*; oben) ist eine der dominierenden Fledermausarten im Dobrudscha-Karst und deutlich häufiger als die Große Hufeisennase (*Rhinolophus ferrumequinum*; unten).

Entfernungen von durchschnittlich 40–100 Kilometern zurück. Im Winter finden sich kleinere Gruppen in Seitengängen von Höhlen, aber auch in Dehnungsfugen von Brücken, Gewölbespalten und Dachböden zusammen. Auch diese Fledermausart ist durch Habitatverlust, den Einsatz von Pestiziden, die Zerstörung von Quartieren und in jüngster Zeit den massiven Ausbau der Windenergieanlagen extrem gefährdet. Schon seit Jahren wird ein starker Rückgang der Art insbesondere in ihrem nördlichen Verbreitungsgebiet beobachtet, so auch in Rumänien.

Die Große Hufeisennase wird in nahezu allen als Quartier geeigneten Karsthöhlen der Dobrudscha angetroffen, die Anzahl der Individuen ist jedoch gering. Sie bilden kleine Wochenstuben und überwintern hier, wie beobachtet wurde, regelmäßig. Dass *Rhinolophus ferrumequinum* einmal zu den für die Dobrudscha charakteristischen Arten zählte, gehört heute leider der Vergangenheit an.

## Gefährdung und Schutzmaßnahmen

Aufgrund ihres Rückgangs sind alle Fledermäuse in Rumänien gesetzlich geschützt. Fledermäuse sind besonders anfällig für Störungen. Die meisten Arten bringen jedes Jahr nur ein einziges Jungtier zur Welt, weshalb eine Störung der Wochenstuben erhebliche negative Auswirkungen auf die Fledermauspopulation eines Gebietes haben kann. Auch während der Winterruhe sind Fledermäuse gefährdet, da häufige Störungen ihre Überlebenschancen verringern. Der Schutz von Fledermausquartieren besteht in der Regel darin, den Höhleneingang mit einem geeigneten Gitter zu sichern, das Fledermäusen freien Zugang gewährt und den Zugang für Unbefugte unterbindet. Bei einer unsachgemäßen Sicherungsmaßnahme oder gar dem weitgehend kompletten Versperren des Eingangs kann sich jedoch das Mikroklima der Höhle verändern. Negative Auswirkungen auf die Artzusammensetzung und Individuenzahl sind die Folge. Die meisten Höhlen in der Dobrudscha weisen derzeit keine ausreichende Sicherung der Zugänge auf. So werden bis heute Fledermäuse in den dortigen Karsthöhlen der Dobrudscha durch menschliche Handlungen wie Vandalismus, das Entzünden von Feuern oder das Abladen von Müll empfindlich gestört. Sogar über das absichtliche Töten von Tieren wurde noch in jüngerer Zeit berichtet. Tourismus beeinträchtigt nach wie vor erheblich die Fledermäuse in ihren Rückzugsorten. Insbesondere in der Höhle von Gura Dobrogei dürften häufige Besuche von Dutzenden von Touristen, gerade während der Wochenstubenzeit, zum kompletten oder fast vollständigen Verschwinden dortiger Kolonien der Mehely-Hufeisennase (siehe S. 216/217), Langflügelfledermaus, Kleines Mausohr und der Großen Hufeisennase beigetragen haben. Diese bedeutende Fledermaushöhle ist die einzige Höhle in der Dobrudscha, die noch vor gut 50 Jahren Tausenden von Fledermäusen Sommerquartiere bot. Bei einer sofortigen Sicherung und Befriedung der Höhle besteht die Chance einer Rückkehr der Wochenstuben.

Eine weitere, sehr große Gefahr für Fledermäuse sind die in jüngster Zeit zahlreich errichteten Windkraftanlagen der Dobrudscha. In Osteuropa wird die Windenergieerzeugung derzeit als Quelle erneuerbarer Energien von

◂ Eine Langfußfledermaus (*Myotis capaccinii*; oben) fliegt in der Dunkelheit mit ihrem Jungtier aus einer Höhle zur Jagd aus. Die Langflügelfledermaus (*Miniopterus schreibersii*; unten) besiedelt vielfältige mediterrane Landschaften mit einer Bevorzugung waldreicher Gebiete.

▲ Mehely-Hufeisennase (*Rhinolophus mehelyi*; unten) mit Großer Hufeisennase (*Rhinolophus ferrumequinum*; oben).

## Mehely-Hufeisennase

Die Mehely-Hufeisennase (*Rhinolophus mehelyi*) war einst die am häufigsten vorkommende Art im Dobrudscha-Karst und bildete die größten Wochenstuben- und Überwinterungskolonien Europas. Gegenwärtig werden in den Karsthöhlen der Dobrudscha nur noch wenige Dutzend Exemplare beobachtet. Noch in den 1960er-Jahren bildete die Mehely-Hufeisennase eine der größten Wochenstuben von 4000–5000 Individuen in der Fledermaushöhle von Gura Dobrogei. Danach sank die Anzahl rapide auf 500 Individuen (1974) und auf 100–150 Individuen (1979). Bei einer Untersuchung 2006–2008 wurde in der Fledermaushöhle von Gura Dobrogei kein einziges Exemplar dieser Art mehr gefunden.

der Europäischen Union massiv gefördert, jedoch werden in den meisten Fällen die negativen Auswirkungen von Windkraftanlagen auf geschützte Arten wie Fledermäuse nicht oder nur unzureichend berücksichtigt. Die Windräder befinden sich im wichtigsten Migrationskorridor für Vögel und Fledermäuse in Osteuropa und stehen nicht selten in der Nähe von Waldrändern, in Karstgebieten oder an Tälern. So stehen beispielsweise in der Umgebung des Babadag-Waldes zahlreiche Windkraftanlagen mit einem entsprechend negativen Einfluss auf die lokalen Vogel- und Fledermauspopulationen und die durchziehenden Arten sowie, nicht zu vergessen, aller Fluginsekten. Untersuchungen zeigten, dass besonders über lange Strecken ziehende Fledermäuse wie der Große Abendsegler, der Kleine Abendsegler und die Rauhautfledermaus die meisten Todesfälle im Sommer aufweisen. Ein Teil der Tiere wird durch die Rotorblätter direkt erschlagen und ein anderer Teil fällt einem Barotrauma zum Opfer: Bedingt durch Verwirbelungen und den Druckabfall hinter den Rotorblättern platzen die Lungen und inneren Organe der Fledermäuse. Fellanalysen von Totfunden im Juli und August an Windrädern haben gezeigt, dass etwa 80 Prozent der Fledermäuse aus Gebieten im europäischen Teil Russlands, der nördlichen Ukraine und Weißrussland stammten. Eine sinnvolle Planung von Windparks unter Berücksichtigung der hauptsächlichen Zugwege und ein Abschalten der Rotoren während der Zugphasen wären geeignete Maßnahmen, um Todesopfer deutlich zu reduzieren.

▲ Die Wasserfledermaus (*Myotis daubentonii*) und die ◂ Wimperfledermaus (*Myotis emarginatus*) gehören zur Familie der Glattnasen und sind mittelgroße Fledermausarten.

# Kulturlandschaft zwischen Tradition und Fortschritt

Die Dobrudscha ist ein seit Jahrtausenden von Menschen besiedeltes Gebiet und unterlag immer schon Veränderungen. Die Menschen rodeten bereits vor über tausend Jahren den Wald und schafften damit die Kulturlandschaft mit ihren weiten Steppenflächen. Das führte wiederum dazu, dass Viehhaltung zu einem Hauptwirtschaftsfaktor wurde. Das Zusammenspiel von Rodung und anschließender Jahrhunderte andauernder Beweidung schaffte die artenreiche Steppenlandschaft der Dobrudscha. Der Hirte, der mit seinen Herden über die Steppen zog, war ein verbreitetes Bild. Ab Mitte des 20. Jahrhunderts begann schon eine Intensivierung der Landnutzung, die sich bis heute fortsetzt. Vor allem in den vergangenen 20 Jahren nahm die Zerstörung der verbliebenen Steppenflächen dramatische Formen an. Insbesondere der Verkauf großer landwirtschaftlicher Flächen an internationale Agrarkonzerne beschleunigte diesen Vorgang noch einmal enorm. Selbst FFH-Flächen (Fauna-Flora-Habitat) und SPA-Flächen (Special Protected Areas), die als Schutzgebiete nach Brüssel an die Europäische Union gemeldet sind und auf

▸ Esel- und Pferdegespanne gehören noch zum alltäglichen Anblick in den Dörfern, werden aber zunehmend von moderner Technik abgelöst.

denen ein Verschlechterungsverbot besteht, werden unter den Pflug genommen. Leidtragende sind die dort noch vorkommenden, im Rest Europas meist schon ausgestorbenen Tiere und Pflanzen. Hier findet Naturzerstörung mit Mitteln der Europäischen Union statt! Dieselbe Europäische Union, die die Natura 2000-Gebiete gefordert hat, bezahlt die Prämien für das Ackerland, dass jetzt an Stelle der Steppe entsteht. Und die Prämien für letzteres sind wesentlich attraktiver als die für Beweidung von Steppen.
Wie auch im Donaudelta hat auf den verbliebenen Steppenflächen aufgrund der Kopfprämien für Rinder, Schafe und Ziegen die Überweidung einen negativen Einfluss auf die Artenvielfalt. Man kann nur sehr hoffen, dass diese Dinge in den kommenden Jahren gestoppt werden, denn sonst haben die Tiere und Pflanzen der Steppe in der Dobrudscha eine ungewisse Zukunft. Es ist sehr bedauerlich, mit ansehen zu müssen, wie von Jahr zu Jahr immer mehr artenreiche Steppenflächen vernutzt werden.
Naturzerstörung im großen Stil, immer weitere Intensivierung und Zurückdrängung von Natur auf kleine Inseln. Dennoch reisen nach wie vor Naturfreunde aus Westeuropa gern nach Osteuropa, weil dort die Welt bezüglich der Natur und der gelebten Traditionen noch in „Ordnung“ zu sein scheint. Nun erleben wir das Gleiche, was in Westeuropa schon vor Jahrzehnten passierte, wieder: Raubbau durch industrielle Landwirtschaft, das Verschwinden alter Bewirtschaftungsformen und traditioneller Bauweisen.
Bei einer Autofahrt durch die Dobrudscha kann man dem neuesten Mercedesmodell begegnen oder einem großen Geländewagen und gleichzeitig kommt aus einer Nebenstraße ein unbeleuchtetes Eselsgespann herausgefahren. Besser kann man das Bild „Tradition trifft auf Moderne“ mit all seinen negativen Folgen nicht beschreiben. Bis vor wenigen Jahren waren Esels- und Pferdegespanne noch die häufigsten Transportmittel, heute verschwinden sie zusehends aus den Ortsbildern. Verständlich, da wie überall auf der Welt der technische Fortschritt genutzt wird, um das Leben zu erleichtern. Gleiches gilt im Donaudelta für die traditionellen Lotkas der Fischer, die man heute kaum noch sieht und die von motorisierten Booten aus Kunststoff abgelöst wurden. Es geht alles sehr schnell und schon sind Dinge, die jahrhundertelang genutzt wurden, Vergangenheit.
Neben dem gravierenden Problem der Lebensraumzerstörung gibt es weitere negative anthropogene Einflüsse wie riesige Windparks, die sowohl auf den großen landwirtschaftlichen Flächen als auch zukünftig in Offshore-Bereichen des Schwarzen Meeres entstehen sollen. In der Dobrudscha sind es schon Tausende Windräder, an denen die Schlaggefahr ziehender und dort brütender Vögel und auch von Fledermäusen sehr hoch ist.
Ein weiterer Punkt ist die unsachgemäße Entsorgung von Abfällen. Häufig sieht man noch Müllhalden am Dorfrand, auf denen alles entsorgt wird. Davon profitieren vor allem

◂ Der Anbau von Wein hat in der Dobrudscha eine lange Tradition. Es ist eines der ältesten Weinbaugebiete Europas und ein wichtiges in Rumänien. Neben internationalen Rebsorten haben autochthone Sorten, wie beispielsweise Fetească Neagră, Fetească Albă oder Tămâioasă românească, weiterhin eine große Bedeutung und werden durch einen lokalen Charakter geprägt. Große Anbauflächen und zahlreiche kleine Weingüter produzieren mit modernen und traditionellen Methoden köstliche Rot-, Weiß- und Roseweine.

die Goldschakale (siehe S. 200/201), die wiederum einen negativen Einfluss auf die Bestände von Vögeln und Reptilien haben können. Auch die Asphaltierung der vielen kleinen Dorfstraßen und damit verbunden der Bau hoher Bordsteinkanten wird für viele junge Amphibien und Reptilien zur Todesfalle, da sie nicht überwunden werden können. Sie werden überfahren oder vertrocknen auf dem sengend heißen Asphalt. Mit einer etwas sorgsameren Planung könnten solche Dinge leicht vermieden werden.
All das wird mit Geldern der Europäischen Union finanziert und es sterben dort dieselben von der Europäischen Union geschützten Tiere. Was für ein Widerspruch! Warum sollte es auch anders sein als in Westeuropa ... Wie die Ausführungen zeigen, ist das momentane menschliche Wirken kein Segen für die Natur der Dobrudscha.
Trotzdem lohnen sich Spurensuche und Naturbetrachtung. Die beschriebenen Probleme, die der Wandel der Zeit mit sich bringt, schmälern jedoch nicht das Bild, welches sich dem Besucher sowohl in der Kulturlandschaft als auch in den kleinen und größeren Orten der Dobrudscha und des Donaudeltas bietet. An den Straßenrändern wachsen viele bunte Blumen und in den Gärten dahinter werden Obst, Gemüse und Wein zur Eigenversorgung angebaut. Vielerorts wird man am zeitigen Morgen durch den Hahn aus der Nachbarschaft geweckt und an den kleinen Marktständen der Dörfer kann man die Eier seiner Hennen und gartenfrisches Gemüse erwerben. Schwalben und Stare zwitschern zahlreich in den Ortschaften und des Öfteren kommen Blassspötter, Sperbergrasmücke, Pirol und

Kuckuck in die Gärten, in denen nicht selten die Europäische Sumpfschildkröte (siehe S. 64/65) ihr Gelege eingräbt oder nachts Balkan-Schaufelkröten (siehe S. 56/57) und Wechselkröten nach Insekten und Regenwürmern jagen. Die Menschen sind überwiegend sehr heimatverbunden, freundlich und hilfsbereit und wissen, dass sie in einer ganz besonderen Landschaft leben, die sowohl einheimische als auch ausländische Besucher magisch anzieht: dem Donaudelta und der Dobrudscha.

◂ Durch fehlende Windbrechung an Gebirgszügen oder Wald erreicht der Wind oft hohe Geschwindigkeiten, was die Dobrudscha früher wie heute attraktiv für „Windmühlenbetrieb“ macht. Allein in der Norddobrudscha gibt es über 1 400 Windkraftanlagen. Abgesehen vom Landschaftsbild, geht von diesen Anlagen eine hohe Gefahr für Großvögel und Fledermäuse aus.

Literatur & Artenlisten

Unter diesem QR-Code finden Sie ein Literaturverzeichnis und ausgewählte Listen der im Donaudelta und in der Dobrudscha vorkommenden Arten.

# Dank der Autoren

Der besondere Dank beider Autoren gilt Dr. Joachim Meyer, der uns als passionierter Naturführer und Kenner des Donaudeltas stets mit Rat und Tat zur Seite stand und uns auf zahlreichen Exkursionen einen noch tieferen Einblick in diese eindrucksvolle Landschaft verschaffte.
Ich, Christoph Robiller, möchte mich zudem ganz herzlich bei der Administrația Rezervației Biosferei Delta Dunării (ARBDD) in Tulcea für die großzügige Unterstützung und die Erteilung der Film- und Fotogenehmigung sowie der Drohnen-Flugerlaubnis im Rahmen der Dreharbeiten in den Jahren 2020–2024 bedanken, in denen auch ein Teil der Fotos entstanden sind.
Das Verfassen eines solches Buches ist natürlich nur auf der Grundlage jahrzehntelanger fotografischer Arbeit möglich, die sich von 2004 bis 2026 erstreckte. Daher möchte ich mich in erster Linie bei meiner Frau Petra Robiller für die geduldige und engagierte Unterstützung auf den vielen gemeinsamen Fotoreisen bedanken. Mein besonderer Dank gilt in dem Zusammenhang auch meinem langjährigen Freund Markus Dankowski sowie Ceico Tănase, George Tănase und Andrei Ciciric.

Dr. Christoph Robiller ist Facharzt für Radiologie und Nuklearmedizin und als Chefarzt in der Zentralklinik Bad Berka tätig. Seit seiner frühen Jugend ist er begeisterter Naturfotograf mit dem vorwiegenden Interesse an der heimischen Natur. Weitere Schwerpunkte sind fotografische Langzeitprojekte in verschiedenen europäischen Großlandschaften sowie seit etwa zehn Jahren seine Mitarbeit an Fernsehproduktionen als Naturfilmer. Er ist Autor mehrerer Bücher und hält regelmäßige Vorträge über verschiedene Themen mit dem Schwerpunkt Naturschutz.

www.naturlichter.de
instagram.com/c.robiller

Dr. Christoph Unger studierte Biologie in Jena und schrieb seine Dissertation über Raum- und Habitatnutzung von umgesiedelten russischen Auerhühnern in Thüringen. Von 2008-2018 war er Mitarbeiter für Artenschutz in der Unteren Naturschutzbehörde des Kreises Hildburghausen in Südthüringen. Seit 2019 ist er Kurator für Ornithologie am Naturkundemuseum in Erfurt. Außerdem ist er langjähriger Vorsitzender des Vereins Thüringer Ornithologen.

# Geheimtipp

Unser Geheimtipp für Unterkunft & Naturführer im Donaudelta und in der Dobrudscha: die Ferienhäuser von Delta Tours im Fischerdorf Jurilovca an den großen, südlichen Delta-Seen!
Die rundum angenehmen, preisgünstigen Unterkünfte sind für die Erkundung des Deltas sowie der Dobrudscha ideal gelegen. Die ehemaligen, geräumigen Fischerhäuser (bis zu 6 Personen) liegen in großen, uneinsichtigen Gärten und verfügen alle über eine großzügig ausgestattete Küche (wer gerne kocht, wird begeistert sein), über Geschirrspüler und große Badewannen; dank Kachelöfen sind sie auch dann gemütlich, wenn im Winter die Rothalsgänse kommen und die Delta-Seen gefrieren! Von diesen heimeligen Domizilen aus kann man auf eigene Faust oder mit Führer zu Fuß oder mit dem Boot die Gegend erkunden. Betreut werden die Unterkünfte von dem passionierten Naturführer Dr. Joachim Meyer, der wie nur wenige in der Tier- und Pflanzenwelt des Deltas und der Dobrudscha zu Hause ist. Er kennt die schönsten und verschwiegensten Plätze, wo der Wachtelkönig ruft, der Sichler stochert, die Zwergdommel durchs Schilf klettert, Schwarzer Apollo und Hirschkäfer fliegen oder die beiden heimischen Pfingstrosenarten blühen. Ein Schauspiel für Naturfreunde sind auch die Triele am Kap Iancina, die Balzflüge der Blauracken entlang des Dranov-Kanals, das gemeinsame Fischen von Rosapelikan und Kormoran auf dem Isac-See, Riesensmaragdeidechsen und Sumpfschildkröten beim Sonnenbad, flinke Ziesel oder sich im Wasser tummelnde Fischotter am Kap Dolojman ... So werden die ein- oder mehrtägigen Bootstouren durch die einzigartige Wasserwildnis des Deltas zum unvergesslichen Erlebnis.

Kontakt und weitere Informationen:
www.delta-tours.de • Tel. +40 720 966 563 •
info@delta-tours.ro

Rumänien
Moldawien
Galaţi
Donau
Donau
Măcin Gebirge
Brăila
Măcin
Donau
Rumänien
Naturpark Balta
Mică a Brăilei
Babadag-Wal
Dobrudscha
Donau
Karstgebiet der
Cheile Dobrogei